宝宝脾胃好

不积食 不挑食 身体棒

卢晟晔 / 著

U0247630

天津出版传媒集团
天津科学技术出版社

图书在版编目（CIP）数据

宝宝脾胃好，不积食 不挑食 身体棒 / 卢晟晔著
. -- 天津 : 天津科学技术出版社，2017.5
ISBN 978-7-5576-2150-6
Ⅰ. ①宝… Ⅱ. ①卢… Ⅲ. ①婴幼儿－保健－食谱
Ⅳ. ① TS972.162

中国版本图书馆 CIP 数据核字（2017）第 008356 号

责任编辑：方 艳 张建锋

天津出版传媒集团
天津科学技术出版社出版

出版人：蔡 颢
天津市西康路 35 号 邮编 300051
电话：（022）23332695
网址：www.tjkjcbs.com.cn
新华书店经销
大厂回族自治县彩虹印刷有限公司印刷

开本 710×1000 1/16 印张 16.5 字数 300 000
2017 年 5 月第 1 版第 1 次印刷
定价：32.00 元

目　录

PART1　观念篇：健康从保护孩子的脾胃开始

第三章　轻松改善积食，强壮孩子身体 /44

第五章 适合孩子作辅食的水果与饮料 /86

第六章 适合孩子的食谱 /111

第七章 巧手厨娘，为孩子补充必需营养素 /131

PART1

观念篇：健康从保护孩子的脾胃开始

第一章　合格父母，先为孩子养好“后天之本”

孩子爱生病多数是由积食引起的

很多年轻的父母经常会抱怨，为什么自己的孩子明明吃的也好、喝的也好，可体质却一点儿都不强，动不动就要生病呢？其实他们很可能忽略了最重要的问题，那就是孩子体质不强与营养无关，而很可能是积食引起的。之所以这样说，是因为积食对孩子而言，是最常见也最有伤害的。

首先，积食的孩子容易拉肚子，造成营养不足。这是因为孩子脾胃积食从而产生脏腑热燥，胃内过热时食物的消化吸收受到影响，最后产生腹泻、痢疾等。

其次，积食之后，孩子的睡眠会不安稳，从而造成免疫力低下。通常，积食的直接危害是让人体产生躁动，于是孩子睡不香、好动，如果严重了就会又哭又闹，想要好好睡觉也不可能。

另外，当胃热走到肺部时，孩子会咳嗽，会哮喘，时间长了就会造成肺炎。这些都是因为胃热袭肺，让肺气得不到良好的宣降所致。

通常来说，孩子面色不良、头发枯黄、身体消瘦、多汗好动、感冒咳嗽等常见疾病都是因为积食造成了脾胃不和所引起的。如果想要从根本上对孩子进行治疗，还是要先祛积食，强脾胃。

年轻的父母应该明白，如果想要孩子不积食，就一定要做到以下两点。

1. 调整孩子的饮食。在给孩子安排饮食的时候，要多给他吃易于消化的食物，平时零食类可减少，至于营养品，完全通过食物去补充就好，没生病没不足，不需要特别的营养补给。

2. 饮食宜少不宜多。通常情况下，孩子每次吃八九分饱刚刚好，吃的太多不但会让胃部不适，还因为消化不良而造成积食甚至是脾胃损伤。

积食和脾胃虚弱的关系

孩子在出现积食时，医生总是建议调理脾胃。对此很多家长肯定会不理解：积食了为什么不消食反而调理脾胃呢？这个问题非常好理解，这是因为积食与脾胃之间有着不可脱离的关系。

脾胃与积食相对立。脾胃是人体后天之本，为人体提供所有的营养物质，只有脾胃强健的人，身体才会好。也就是说，想要身体好，就不能有积食，就要脾胃健运。脾胃与积食相互对立，有积食就没有好的脾胃，有好的脾胃就不会积食。因为一个正常运化的脾胃，是不会让孩子产生积食不化的问题的，而脾胃虚弱则是积食的最终产物。

积食与脾胃息息相关。脾胃和积食在某种程度上就像是一个先有鸡还是先有蛋的问题。当脾胃不运化时，孩子吃下去的食物肯定会产生积食；而一个经常积食的孩子，脾胃势必会有虚弱。这是因为：不积食能减轻脾胃的负担，从而加快消化吸收；而脾胃运化功能强，积食的问题也就不易发生。

看过以上两点，家长们大概就会明白，为孩子调理脾胃是多么有必要。当然，造成孩子脾胃虚弱的原因还有很多：天生不足、饮食不知节制、生冷不忌口、主食辅食没有区分等。这些问题是每个家庭中很常见的事。而孩子的脾胃刚刚处于形成、成长的阶段，《黄帝内经》说："孩子脾胃娇弱，形气未充。"在这样的情况下，如果家长不加以注意，不为孩子的脾胃进行保养，那最终就会引起孩子脾胃虚弱、积食甚至是更多的问题了。

脾胃虚弱的孩子发育迟缓

脾胃虚弱对孩子有非常大的危害，首当其冲的就是它会造成孩子成长发育的迟缓。因为脾胃主管营养分布，如果脾胃虚弱，人体的营养就没有办法消化吸收，自然也就分布不足。当你看到自己的孩子不肯长个子，身体娇弱时，就应该自查一下，自己的孩子是不是脾胃虚弱，从而发育迟缓。

脾胃虚弱一般表现在食欲不强、挑食、消化不良等方面，细心的家长通过观察自己孩子的饮食习惯就可以得出结论。脾胃是供给身体营养所需的重要脏器，当它虚弱不运化的时候，孩子是不愿进食的。

发育迟缓并不是单纯地比同龄孩子生长慢一些，它有着自己的特征，并给孩子的将来带来很大的影响。

首先，发育迟缓的孩子在体格、运动以及语言方面都会比同龄孩子开蒙晚，比如身高不足、体重轻、表达逻辑性不强等。这些问题会给孩子带来心理上的影响，让他产生自卑以及不自信，最终导致孤僻、懦弱等性格缺陷。

其次，发育迟缓的孩子智力往往落后于同龄孩子，这是因为孩子的发育不足以与自己的年龄相平衡，从心理上就晚于同龄人，自然无法与别的孩子站在同一起跑线上。无疑，这对于学习是硬伤，为他的基础学习带来永久的缺憾。

由以上两个方面，家长就可以理解脾胃的重要性，也更明白发育迟缓对自己的孩子意味着什么。因此，当你的孩子出现脾胃虚弱所带来的发育迟缓时，你最应该做的就是为孩子调理脾胃，促进饮食，培养他良好的饮食习惯，从而让孩子远离那些潜在的生长危害。

脾胃不好的孩子容易贫血

《黄帝内经》说：“中焦受气取汁，变化而赤，是谓血。”意思就是脾胃运化，生成的营养物质变成血液。所以，一个脾胃不好的孩子，最容易缺失的就是血液，也就是我们常说的贫血。

孩子脾胃不好引起的贫血症状比较好辨别，通常可以表现在以下几个方面。

1. 肤色苍白。一般看孩子的面部、嘴唇、手掌以及指甲，贫血的孩子会表现出颜色浅淡、毛细血管丰富、分布于表层的现象，眼结膜会更加苍白。

2. 个性慵懒。贫的孩子精神不足，平时不爱玩，而且经常会喊累，同时可以看出不胜虚弱的样子，头发无光泽，指甲脆，有横纹。

3. 食欲不强。平时不爱吃东西（重口味、零食除外），消化功能也不强，吃多了还会恶心、呕吐甚至是腹泻等。

4. 注意力不集中。孩子反应很慢，对周围的环境不重视，会烦躁不安，还有头晕、眼前发黑等症状。

这些都说明你的孩子脾胃不好，造血受到影响。孩子长期贫血，危害是非常大的，不但影响身体的正常生长，更会造成细胞免疫功能的缺陷，从而导致抵抗力弱，容易生病，时间长了还可能出现心脏方面的问题，形成呼吸急促、心跳加快的病症。

对于脾胃不好引起的贫血症状，家长应该为孩子多补充滋养气血的食物，同时进行脾胃的调理。只要脾胃强健起来，那么孩子的贫血问题也就迎刃而解了。

脾虚的孩子多瘦弱

脾虚是孩子的多见症，它主要表现为：消化不良、吸收不好。比如孩子盗汗、易惊、佝偻病等问题，都是脾虚所致。孩子的脾先天稚嫩，如果不能好好地进行调理，问题就会越来越严重，影响到孩子的成长，造成孩子瘦弱、多病等问题。

孩子脾虚瘦弱是有一个渐变过程的，从出生的那一刻起，有黄疸的孩子多半就是脾虚弱，这是胎毒处理不及时所致。这时没有家长会进行调理，可接下来是六个月到一岁之间，孩子开始接受辅食，往往就有家长不知节制地喂养，让孩子产生积食或者消化不良，从而加重对脾的伤害，造成进一步的脾虚。1 岁之后，孩子的脾一直没调理好，再加上不正常的饮食习惯，那也就直接影响他日后的生长及健康了。

治疗脾虚瘦弱，最根本的方法还在于健脾。不过健脾是一个漫长的过程，心急不能改变孩子的体质。在调理时，应该分步骤有序地进行。

首先，要少食多餐。孩子的脾已经虚弱，不适合一次进食太多。要坚决杜绝“吃得多、长的壮”的理念，给脾胃一个运化有力，毫无负担的改变过程。

其次，多食杂粮，拒绝保健药物。适合脾胃的食疗方永远是孩子最好的朋友，大米、山药、胡萝卜等看似简单的食物，对孩子的脾胃最好，

又营养充足。

第三，谨慎用药，按摩最理想。想要通过药物来改变孩子脾胃的家长是最不负责任的，因为药物就意味着刺激，这会让脾胃更加不受。而相应的按摩手法却好过药物多倍，经常进行按摩，孩子脾虚的问题就能很快得到改善了。

脾虚会让孩子变成“小胖墩儿”

我们常常听到这样一句话：喝口凉水也长肉。这在中医看来，其实这就是脾虚的症状，因为人体脾胃虚弱，其水湿运化功能失调，于是体内湿邪集聚，造成新陈代谢的停滞。而这样的胖人又多以虚胖为主，容易气喘、没力气。如今，脾虚发胖在很多孩子身上也普遍存在，特别是那些平时吃东西不多，可就是长肉不停的“小胖墩儿”们，妈妈们可要注意为孩子健脾利湿了。

有调查显示，90%的肥胖孩子有体虚症状，而这体虚便来自于脾胃功能的虚弱。孩子脾虚虽然有一部分来自先天的不足，但还有一大部分便是家长在日常生活中养护不当所致。当你的孩子出现虚胖、体虚、消化功能差的时候，健脾便只是一个方面了，另外还有一个亟待解决的重要问题，那就是利湿。

通常来说，碱性食物是体湿脾虚孩子的正确选择。比如苹果、大豆、芥蓝、菠菜、洋葱、赤豆等，这些食物可以做成孩子相对喜欢的口味，不仅能帮孩子排湿，还能起到促进脾胃运化的作用。而柠檬、草莓、葡萄也是不错的食物，虽然它们多带有酸性，但却是碱性食物的典型，平时完全可以多给孩子吃一些。因此，味道不是区别食物性质的方法，而应该从其功能来对待。

除了选择正确的食物，吃法也应该多留意。太过精致的食物尽量少吃，这只会让孩子肠胃功能更加惰化，让湿邪难以排出体外。反而是薏米、小米、荞麦、紫米、绿豆等五谷杂粮，对于脾胃健康和湿邪外排有非常多的好处。与此同时，妈妈们要记住一点，千万不要总给孩子喝隔夜的水，这对促进体湿的外排不利。

所以，只有饮食合理、保护脾胃、利水排湿，才是对脾虚发胖孩子的最好爱护。

孩子总感冒，从脾胃找原因

有的家长可能会发现这样一个现象，自己的孩子动不动就感冒，而且反反复复不容易好。中医对这个问题有着自己的理解：经常感冒是脾胃虚弱所导致的。

这是因为脾胃不好的人营养吸收难以充足，这就造成了人体免疫力低下的直接现状。同时，孩子是稚阴、稚阳之体，不仅脾胃弱，肺也非常娇弱，这都是容易被外邪所扰的先天条件。当孩子脾胃气机不足时，肺气失和，于是无力抵抗外感，从而感冒。另外，孩子多爱吃肉，对蔬菜等食物有挑食的特点，这就容易对脾胃运化造成负担，从而阻滞消化与吸收的气力，进一步降低抵抗能力。

那么，家长如何自己来辨别孩子感冒是不是因脾胃问题所引起的呢？说起来也简单，这样的孩子通常面色发黄，眼下有晦暗之色，而鼻梁处则有“青筋”暴起，食欲不强。这几点就足以说明孩子体质不足，脾胃不调了。

遇到脾胃不调而反复感冒时，家长应该在为孩子治肺祛邪的同时更注重脾胃的调理。平时在饮食上，家长要将孩子过于油腻的重口味尽量摒弃，多吃粥、汤、羹类容易消化的食物，促进脾胃消化和吸收。

还有一个关键处就是，孩子感冒初愈时不要急着为孩子进补，因为

吃过药之后的脾胃肯定正气不足，先要用小米、糯米等养益气血又对消化系统不造成负担的食物进行滋养，改善脾胃功能紊乱所造成的正气损伤。如此才能将孩子的脾气很好地调动起来，达到运作有力的功效。

最后，家长应该明白，孩子的脾胃是天生虚弱的，在为孩子补充营养时，一定要以脾胃可以接受的方式来进补，而不是以甜的、辣的等孩子感觉合口的来进补。脾胃喜食细碎之物，家长自己多用心，孩子脾胃才能更好，身体也才会更强壮。

孩子老咳嗽，根在脾胃虚弱

孩子总是咳嗽，感冒好了咳嗽也不停，遇到这样的问题时，家长应该有所注意，这并不是孩子的感冒未好，而是来自于脾胃虚弱的提醒。孩子脾正气不足，肺气宣发不利，才会咳嗽不止。家长此时不但要给孩子止咳，更要调脾胃。

止咳建议用按摩的方法，比起用药，按摩对脾胃更理想。按摩的方法并不复杂，简单地拍背就好用。孩子在咳嗽的时候，家长要让孩子轻轻地趴在自己的腿上，或者是床上，然后手握空拳，轻轻地从背部的上面拍到尾椎部，然后再从背的左面拍到右面，这样反复多拍几次，可以缓解孩子的咳嗽。

如果孩子有痰时，则多取肩胛下部来拍，多坚持一会儿，通常十分钟以上，这样可以让孩子顺利地将痰吐出来，还让孩子有宽胸理气的舒适感。

另外，孩子如果有咽痛、扁桃体发炎的情况，家长可为孩子按摩脚底。不需要特别的穴位对应，只将双手搓热，在孩子的脚心来回搓按，每只脚 30 次，然后搓脚趾，每个都要搓到，每个脚趾搓 30 下。按摩之后要多给孩子喝水，可以在温开水中加少量盐，就能减轻孩子咳嗽的症状。

按摩的同时，要加以食疗来养脾胃。食疗方应该有所注重，此时应该给孩子多吃祛湿健脾的食物，比如淮山粥，也就是我们常说的山药粥，煮起来方便，吃起来口感好，又能强体健脾，化痰祛湿，这是最适合孩子的食物了。

另外，在吃东西的时候不要总是考虑梨、香蕉等清凉去火的食物。孩子常咳说明体湿痰聚，脾运不清。这时要多吃温和的食物，而且一定要以绵软，细碎为主。多吃一段时间，你的孩子自然就不咳嗽了。

心情是孩子脾胃的守护神

很多家长都会忽略这样一个问题，那就是情绪对孩子脾胃的影响。殊不知，中医学中早就有情志一词，它也非常详细地阐明了情绪对人体脏器的作用。而对于孩子，情绪不好，压力过大，则直接影响他们的食欲，让他们的脾胃变得虚弱。

这很好理解，一个人的心情不好，就会产生肝气不舒的问题。中医将其称为“横逆”。而肝是主血的脏器，血液对脾意义重大。脾血不足，它就升清无力，也就是说，脾血不足时，脾气就得不到保障了，从而让人得不到营养物质的供应。

同时，肝气不舒，胃的吸收与消化就会失常，医生们已经明确证实：长期紧张、焦虑、压力过大的人，得胃溃疡的概率要比普通人多好几倍。所以，给孩子一个好心情，是让他脾胃健康的基础。

那么家长应该在哪些方面来杜绝孩子心情不佳的压力源，给孩子一个快乐、轻松的成长环境呢？

1. 父母的坏脾气。当父母心情不好时，孩子总是最先感受到生活变化的人，因此，父母的脾气对孩子心情是一种潜移默化的过程。他在环境压抑、小心翼翼的氛围中进餐，往往会出现胃胀、肚子痛甚至是腹

泻的问题。这就是脾胃与情绪的直接关系，聪明的父母应该在孩子面前屏蔽自己的坏脾气与不好的情绪。

2. 孩子本身的压力。当父母对孩子赋予太高的期待，对他的学习、生活有了太多的干涉时，孩子会从内心产生压力。这就容易让他气血紊乱，从而脾胃不调、食欲减退、身体消瘦。

如果家长可以在以上两点为自己的孩子建一道好心情的大门，那坏情绪也就进不去，无法打扰孩子的正常饮食，顺利成长了。

强大的脾胃带来好体质

对于孩子来说，脾胃的重要性是中医最为强调的问题。所谓人体有“营卫之气”，就是说每个人的身体都是由“卫气”来支撑并权衡健康的。“卫气”是什么？它是人体的防备系统，它行走于人体经脉，运送营养与血液。如果卫气不固，那么人体肯定不会有健康，强壮的体质。

“卫气”是从哪里来的呢？原来，它来自于我们每个人的脾胃。这是因为脾胃消化吸收营养，然后将其输布于肺，再由肺气输送至全身。这也就告诉我们，卫气之源来自脾胃，脾胃强大，卫气才有捍卫身体健康的资本。

前面我们已经说过，脾胃不好易感冒，易咳嗽，这都是脾胃与肺之间的特别关系。当脾胃不足的时候，人的肺脏系统是没有力气来宣发肺气的，这样人体就会出现虚弱、气不够用的问题。气不足，营养物质又怎么会传达于人体的身体各个角落呢？因此强大的脾胃，是人体健康强壮与否的关键所在。

想要养出强大的脾胃，关系到的方面却相对简单，从大的方面来说，一是饮食，二是情绪。一个人在饮食上养脾胃，最重要的地方在于给它易于消化、适合它保养的食物。所以，五谷杂粮、蔬菜水果，一样都不能少。只不过脾胃对这些东西的接受很挑剔，它不喜欢太甜、太苦、太酸、太咸的口味，甘平之味最好，即淡淡的甜味，性质温和者。

另外，情绪一直是影响每个人身体的重要因素，孩子的脾胃也是如此。让孩子在快乐、轻松的环境中进食，是对孩子脾胃最好的养护之道。平时家长可以注意，吃饭时不要给孩子心理压力，饭后也不要让他太受束缚。孩子只有顺从身体的需要，按着喜悦的心情来进食，才能让脾胃强壮起来。

调理好脾胃，拒绝挑食、积食

孩子的好脾胃是求不来的，但是却可以养出来，懂得调理的父母就能帮孩子养出一副好脾胃，从而轻松做到让孩子不挑食，不积食。不过，养脾胃有着一定的营养学知识，家长们应该好好学习。

孩子的脾胃每天都需要一碗粥。这碗粥可以是大米粥，可以是山药粥，也可以是扁豆、红薯、南瓜等做成的粥。但这些肯定都是有益于孩子健脾养气的食材。这是因为孩子的脾胃先天娇弱，粥则易于消化，又能开胃健脾，每天吃一次，能很好地调理脾胃。

有时家长会戴有色眼镜，认为食品越高档越好，其实调养脾胃并不以食物贵贱为主。给孩子吃东西，不要总想着用什么新鲜的食材，用什么名贵的营养品。越是常见的谷蔬，对孩子的脾胃越好。这不是由简单的理由来看待，而是五谷杂粮易于孩子的脾胃消化吸收，所含营养物质又比较全面，经常食用就能逐渐强壮孩子的脾胃与身心。

应季进食不挑拣：这是给父母与孩子的忠告。给孩子养脾胃以应季的蔬果食物最佳，如果从家长这一关就开始挑，也就无异于为孩子树立了一个挑食的榜样。什么季节吃什么食物，不但更顺应脾胃脏器的养护，也更能让孩子习惯规律的重要性，从而不挑食。

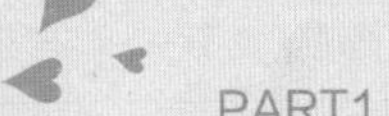

家长还要谨记：进口食物不一定适口。现在生活条件好，家长们认为自己有能力给孩子提供更好的生活质量，于是各国进口的海鲜、水果应接不暇地送到眼前。孩子的脾胃接受起来不一定适应，反而损伤他们的脾胃，形成积食，这就成了养护不当。

家长只有用正确的方法与正常的心态来面对孩子脾胃的调理问题，才会给他一个健康强壮的身体，并同时解决挑食、积食带来的烦恼。

孩子积食可能导致一系列呼吸系统疾病

孩子积食会在睡眠的时候有所展现，因为他们往往会睡眠不安，来回地翻动，再就是有的孩子会咬牙齿。不仅如此，积食对于孩子的呼吸系统也是一次考验，因为积食之后孩子易受风寒的侵袭，从而产生很多呼吸系统方面的问题。

1. 咳嗽、哮喘。积食的孩子，因为脾胃功能不强，身体的免疫功能不足，所以当有外感来袭时，就会不可避免地感冒，就会咳嗽甚至是引起哮喘。而且因为体质不够强，所以咳嗽起来还不容易好。想让呼吸尽快顺畅，可以按摩脾胃，用手掌轻轻揉按胃部，顺时针三十次，逆时针三十次，可令孩子积食症状减轻。

2. 鼻炎。鼻炎其实就是人体正气与外侵邪气较量的产物。当人体受到外邪干扰时，会想用自身的正气将它排出体外，从而引起喷嚏式急性鼻炎。出现这种问题时，可以用中药辛夷、白芷、金银花、桔梗、甘草各 3 克，煎成水，给孩子漱口或者滴鼻子。这个方法不但能治鼻炎，更能祛外邪清肺气，进而达到健脾的功能。

3. 咽喉肿痛。孩子吃肉过多，经常会积食，这时就会因为脾胃的不利，从而产生咽喉上火，肿痛的问题。家长可用萝卜做成汤，给孩子直接食用。它能很好地消食顺气，同时又清火除燥。如果能搭配一点儿海蜇、牡蛎等凉性食物，那就更理想了。

4. 扁桃体发炎。孩子脾胃虚弱，常常会引发肺胃热盛，从而造成的扁桃体发炎。面对这种问题，只是消炎完全不够用，只有调理脾胃，清除热燥才能减轻扁桃体炎症。最好的方法可采取按摩少商穴，少商穴属肺经穴位，能泻诸脏器之热，它在我们大拇指的指甲外侧处，用手指指甲去掐按就可以。每天掐三次，一次十下即可。

孩子总头痛，十有八九积食了

如果你的孩子总是食欲不强，且感觉头沉发痛，那么十有八九是积食了。这是因为孩子的脾胃虚弱，造成消化、吸收不利，于是出现脾清不能上升，从而积闷于体内，造成胃气冲逆而起的头痛发沉。

出现这种问题时，和胃气、祛积食才是最好的方法。当然，有些家长习惯用消食药来祛积食，只不过这个方法对孩子的脾胃有一定的损伤，吃的多了会产生依赖，反而让脾胃失去动力。药物治疗始终比不过按摩的手法，能从根本上强健孩子体质。这里我就教大家一个祛积食、消头痛的按摩方法：掐四缝穴。

四缝穴在手掌食指、中指、无名指以及小指的第二节横纹中间，比较好找。而掐四缝穴的时候要一个手指一个手指的进行，不能怕麻烦。掐的时候只要用自己的手指甲在四缝穴处用力下按，力度不可过大，以孩子能接受为准。

掐四缝穴的手法，就是横着掐一下然后再竖着掐一下，接着再横掐一下。手指每次掐下之后稍停一会，大约为三秒，然后抬起手。这样三下算是一次，如此反复掐九次，如果是女孩子的话，掐五六次就够了。

相比用药会伤害脾胃，这种穴位的对症按摩方法要更容易促进胃内消化。因为四缝穴是治疗小儿疳积的重要穴位，不仅如此，对于胃气横

逆引起的消化不良、胃痛等问题都有着非常好的治疗效果。家长经常给孩子掐四缝穴，就能强健孩子的脾胃，减少积食的发生。

孩子积食会引起腹泻和便秘

对于孩子来说，积食是很痛苦的事，不是不消化，腹胀，就是拉肚子，最主要的是不止会腹泻还能便秘。这是因为孩子脾胃娇嫩，进食过量之后就会出现消化不耐受的问题。这时肠蠕动发生紊乱，于是腹泻、便秘也就自然发生了。

家长想要分辨腹泻与便秘是不是因积食而起，可看它们发生时的相对症状。一般情况下，积食引起腹泻时，孩子经常会有肚子疼、拉痢、食欲减退等症状。而积食引起便秘时，孩子就会伴有口气、厌食、手脚心发热等现象。

不过，对于积食引起的腹泻和便秘都是比较容易打理的，主要还是家长要有一个正确的对待方法。当孩子腹部有轻度的疼痛并腹泻时，家长可将 200 克食盐炒热，然后放在布袋中，热敷腹部，特别是肚脐的周围。它不但能软坚散结，还能起来软化肠道中积滞食物的作用。在用盐为孩子热敷时，要小心热度不可过烫，以免烫伤了皮肤。

如果不想用这个方法，家长也可选用白萝卜为孩子消积导滞。白萝卜理气、消食的作用最强。当然白萝卜除了可以做汤还能生用，家长只需要将它捣成泥状，然后敷在孩子的肚脐周围，停留半小时以上即可。白萝卜性质辛温，入于肺、胃二经，能有效促进肠道的蠕动。

两个方法虽然都可同时治疗腹泻与便秘，不过，如果腹泻的时间多，最好选用热盐敷用，而便秘的症状重，白萝卜就更理想一些了。

长期肚子疼的孩子有积食

有的孩子经常会喊肚子疼，又好好坏坏，反反复复，而且没有其他身体方面病变。这时家长多会纠结应该怎么办，但不必太过着急，因为这种情况很有可能就是积食引起的。这是因为孩子积食后，会损伤脾胃，从而形成肠胃疾病。如果积食的时间长了，就会造成孩子消化系统的紊乱和胀气，于是肚腹胀热，产生痛感。

同时，分辨是否是积食引起的肚子疼还有其他症状可寻。用手触摸孩子的肚子，会有胀胀的饱满手感；偶尔孩子会拉肚子，拉过之后反而感觉轻松。平时孩子放的屁也比较臭，而口气又很重。一般情况下，孩子如果占了其中两点便可以确定是积食引起的肚子疼了。

想要改善肚子疼的问题，就得从清热和胃、消食祛燥着手。说起来还是一个调理脾胃的过程，但效果很不错，有心的家长不妨试试。

方法：取山楂 18 克，莱菔子、陈皮、神曲各 6 克，半夏、茯苓各 9 克。然后加入 300 毫升清水，大火煎煮至剩药汁三分之一时，将药汁倒出来；接着再像先前煮一次，将两次的药汁和在一起，分成两份，早晚各一次喝下，就可以了。

这里面的山楂是最去腻消食的，加以陈皮，就会更加消滞化食。而神曲、半夏、茯苓等药却是和胃、清热最好的药物，用来养胃消食再合适不过。更主要的是，这几味药都很常见，又都甘平，可起到健脾养胃的作用，对孩子调理脾胃的效果非常好。

食指发紫，都是积食惹的祸

孩子是不是积食，细心的家长总会最早发现。因为积食之后，孩子的种种表现以及在他身上发生的变化都很明显。如果你对拉肚子、食欲不强等症状还感觉模糊，那不如看一下孩子手指的颜色。如果家长看到自己孩子的食指是发紫的，不要惊慌，这并不是孩子磕到碰伤了，也没有其他大的问题，这仅仅是孩子的身体在告诉你：他积食了。

看手指辨别积食的方法很简单，家长按步骤去认真观察即可：

将孩子的手掌放在自己的手掌上，然后观察食指外侧颜色，注意看风关穴、气关穴和命关穴三个穴位。这三个穴位分别在孩子食指的第一节与第二节的横纹之间、第二节与第三节的横纹之间和第三节横纹处，也就是食指的三个横纹外侧。如果这三个横纹都是发紫的，就说明孩子积食非常严重了，要及时为孩子祛积食。

同时，家长在辨别这三个横纹的时候，如果发现并不是紫色，而是红或者是青白色，那也说明你孩子积食了，只不过它们的病症不同。家长对这几种情况可有一个自我判断，从而采取正确的祛积食的方法。

第一：食指外侧发紫表明积食是因热证而起，也就是胃热肠燥引起的消化不良。

第二：食指外侧是红色，比较鲜艳的那种颜色，说明孩子胃寒，从而脾胃不运引起了积食，此时要祛脾胃寒凉。

第三：食指外侧呈青白色，这与孩子受到惊吓有关，从而气血不足，引起疳积之症。

分辨清楚了孩子积食的原因，也就可以更好地为孩子采取祛积食的方法。不过，还是要提醒各位家长：平时就算孩子没有积食，经常给他推搓一下风关穴、气关穴、命关穴三穴，也有祛积食、促脾胃的功效，家长不妨试试看。

积食不消，让孩子后患无穷

积食的危害很大，对孩子的身体会产生各种不适，比如呕吐、恶心、腹胀、肚子痛等等。但这仅仅是孩子积食之后最表象的特征，如果你对孩子的这些问题都不重视的话，那么孩子的胃、肠、肾脏、肺脏等器官就会随着积食日久，而增加负担，从而真正影响到孩子的正常成长。

下面，我们就总结一下积食可能对孩子的不同脏器带来的影响，以及所引发的问题。

积食会导致脾损伤。孩子积食时，会产生胃热，而这热上升于脾时，就会让脾阴产生不足，从而脾清上升不利。这时孩子会有腹泻、消化不良的问题，同时，对营养的吸收也不充分了。

积食能让肠道干燥。这也是胃热引起的问题，肠燥时，排泄就会发生问题，便秘、肠痉挛甚至是下垂。而且也会有痢疾发生，因为胃热消化不了，加之肠痉挛，便会不吸收而全数排出，在医学上这叫营养外流。

积食引起胃热，胃热致肝脏灼伤。这时孩子会脾气大，睡眠不好，心里老想吃冷的食物。久而久之会让孩子形成人格上的缺陷。

同时，积食容易伤肺、肾虚、心脏负担增大。这是因为抵抗力不足，经常感冒对肺带来的影响，于是咳嗽、气喘、哮喘、肺炎等等都成了潜在病灶，会很轻易就致病并且难以痊愈。而过分的胃热可让肾脏排水不利，于是给孩子带来消瘦、多汗、面色无光、头发枯黄等问题。对心脏的影响则是孩子因积食会经常上火，产生口干舌燥，会口腔溃疡等等问题。

基于以上种种问题，积食对孩子的一生影响深远，因此，在生活中，父母一定要做到、早发现、早治疗，才能让孩子健康无忧地长大。

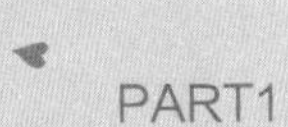

挑食让孩子的脾胃更虚弱

脾胃虚弱是每个孩子与生俱来的弱势特性，因为脾胃不足，所以孩子会对食物有所挑剔。可是家长不知道，孩子越是挑食，脾胃就会变得越虚弱。这就如同一个恶性循环：脾胃虚弱导致挑食，越挑食脾胃就越虚。因此，家长要给孩子的食物把好关，让他们吃有益于身体的，而不是挑符合于口味的。

挑食之所以会让脾胃变虚弱，原因很简单，我们的身体需要各种营养物质，脾胃也是在这些物质的滋养之下才能有力运作的。一个人营养不全面或者缺失，就会导致胃脏的纳运功能减退，从而直接让脾无力运化。时间久了就会导致食欲差、胃口弱的症状，这就是中医最常说的脾失健运，胃纳差。

对于这种情况，家长要给孩子健脾助运。健脾的方子其实也不复杂，家长自己就可以给孩子调配：薏仁、黄芪各 30 克，白术 9 克，木香 6 克，石斛、甘草各 10 克。给孩子煎水喝就可以，这个方子是最适合 6 岁以下的孩子的。喝过药出去活动一下，晒晒太阳，很快孩子的胃口就好起来了。

一般就脾胃虚弱的孩子，最应该多吃的食物是：糯米、粳米、山药、粟米、花生、羊肚、青鱼、乌鱼、木耳、栗子等等。这些食物都是性质温和，补益气血的，可以起到健脾养胃的功效。

孩子在养脾胃时尽量少吃或者是完全不能吃的食物包括：蛤蜊、螃蟹、柿子、芝麻、西瓜、荸荠、生萝卜、丝瓜、莼菜、草菇、金银花等等。这些食物相对寒凉，对于孩子的脾胃是一种刺激，所以吃的时候一定要有所禁忌。

挑食的孩子不长个儿

挑食的孩子常常一眼就可以看得出来，他们往往面色发黄，身体瘦弱，而且个子远不及同龄的孩子高。这都是因为孩子过于挑食，引起营养不足。遇到这样的问题，大部分家长都是无可奈何，总说："孩子不肯吃，我也没有办法。"其实，这真的不是什么难题，只要给孩子健脾养胃，就可以解决他挑食，食少的问题。

在这里教给家长们一个有助于健脾，强身，助长高的简单方法，那就是推脾经。首先要在孩子的手上找到脾经之穴，它位于孩子大拇指的外侧边缘处，从指尖到指根，这一条线都称为脾经穴。在推的时候要注意，家长可在手上涂点儿润肤油，以免伤了孩子的皮肤。用自己的大拇指，从孩子的脾经指尖一端，稍加用力向后推，推至指头根部。这样单方向推过去，松开手指，再从头向下推，如此反复 100 次，每天推一到两次就可以了。

推脾经的作用很大，它不但能让脾胃健运，还能补气血，对于气血不足、脾胃虚弱、消化不良、食欲不强的孩子都有效。如果孩子有腹泻、便秘、痢疾等问题，推这里也一样会起到治疗的效果。

不过，在推脾经的时候要有所注意，那就是一定要顺着推。中医认为，顺推为补，逆推为清。也就是说如果从指根往上推那就是清脾经了。虽然这都称为推脾经，但作用却是完全相反的。逆推会减少孩子脾胃的纳食效果，以清理脾胃，方便进行调养。一般来说，医生不建议家长自行逆推脾经。

孩子积食，揉揉肚子就管用

孩子积食后，总会感觉腹部胀满，胃部发堵，从而变得烦躁不安。

如果家长可以用手在孩子肚子上揉一揉，他就会好受很多。可是，简单的揉肚子却有着很大的讲究，如果只是胡乱的进行揉按，很有可能就会造成相反的效果，让孩子更加不适。那正确的揉肚子方法是怎样的呢？

首先，将四指并拢，双手对搓一下，让手指、手掌尽量暖热一些；然后将手指轻轻放在孩子的肚子上，小幅度下压，不要太重。这样用均匀的力量顺时针成圈的揉动，一般要做 36 次，然后停下来。

接着，暂停一分钟，依旧四指并拢，用刚才一样的方法，按逆时针的方向，继续为孩子按揉腹部。这次只要按 9 次就可以了。如果孩子身体虚弱，可以再加 9 次，如此为一遍按揉的过程。

通常，在给孩子揉肚子的时候，要这样反复进行，时间保持在 30 分钟左右为宜。这样一边揉，一边能听到孩子肚子里咕咕的叫声，家长不用担心，这是很正常的现象。一般按过之后，孩子的积食情况都会得到缓解，坠胀感得到减轻。如果能经常这样揉一揉，孩子积食的问题也就可以很快消失了。

有些人可能会不理解，就是揉个肚子，为什么还要这样顺时针、逆时针的进行，而且次数还不一样呢？这其实一点儿也不难理解，中医将这种揉肚子的方法称为“摩腹法”，大中医孙思邈就说过：“腹宜常摩，可袪百病。”而中医又认为，顺时为清，逆时为补。因此，积食时，要多清少补，所以才会出现正反不同的按揉方法。经常为孩子揉腹，不但去积食，还能增强脾胃，可谓是一举两得呢。

第二章 这样调理让孩子脾胃好，不挑食

孩子肥胖，并不一定是健康

家长看到孩子长得胖，通常都会觉得孩子营养充足，并不关心他是不是对食物做到了均衡对待。这种观点肯定是错误的，对于肥胖的孩子来说，身体肯定会各项指标超高。而且有调查显示，挑食的孩子多会肥胖，这是因为他们不节制爱吃之物所带来的后果。当然，对于孩子来说，即使长的再胖，也不代表他就健康无恙。越是肥胖的孩子，越习惯挑食、偏食、嗜食，这对于脾胃及其他器官都是有害处的。

因此，家长应该从正常体重上来引导孩子进食，不挑食，不偏食，强健但不肥胖。这对于孩子身体的健康、智力的发展都有着非常大的帮助；而且正常的身体可以让孩子脾胃更强壮，让他在心理上更自信。那如何让你的孩子不肥胖，体重正常呢？

当然父母是关键，要养成为孩子记录体重的习惯，不要让他增长过快或者过慢。特别对于每日固定的食物，要有一个均衡的分配。另外要引导孩子正确进食，鼓励他多吃水果和蔬菜，减少肉类食物中过高的热量和过量的脂肪、油类等成分。而且，家长一定不要心存侥幸，每天给

孩子规划固定的运动时间并进行监督非常有必要，进餐之前不管多饿，也不要放纵孩子用零食来充饥的习惯，从而让他养成正常的一日三餐习惯。

总之，孩子的身体健康来自于脾胃的正常健运，而脾胃的健康又来自于孩子营养均衡的摄入。只有在运动、进食、营养多项结合的情况下，你的孩子才能达到身体健康的最终标准。

挑食的孩子，营养肯定有缺失

每个父母都知道挑食有害身体健康，可是家长们更多的会对挑食采用笼统的看法，认为挑食仅仅会让孩子长得慢，或者长不胖。事实上，挑食可远远没这么简单，因为挑食就意味着身体营养的不均衡，不均衡就代表着孩子缺少了他成长所需要的某类营养，这个后果可不是几个数字、几项检测体检就能完事的问题。

首先，挑食的孩子锌元素最容易不足。这是因为锌作为人体成长的重要营养物质，多来自于蔬菜、海产品、水果。但孩子因为挑食而过少摄入这类食物，从而造成锌元素的缺失。锌元素的缺少会影响孩子的食欲，孩子长得慢不说，大脑的发育也会受到影响。同时，锌对人体口腔黏膜细胞有修复、促进作用，缺少它就会让孩子嗅觉敏感度降低，味觉减淡。如此，从脾到胃，人体的整个消化吸收系统都被减弱了。

其次，挑食会缺少维生素。维生素种类很多，维生素 A、B 都与孩子的食欲分不开。维生素 A 是保护消化道黏膜的高手，少了它孩子容易肚子胀，拉肚子。而维生素 B 则是促进胃肠蠕动的能手，没有它孩子就会消化不良、便秘等。

不仅如此，挑食的孩子都会有口角潮红、裂嘴角的习惯，这并不是嘴干，而是 B 族维生素缺少所引起的身体现象。医学研究发现，我国儿童的发育存在明显的不足，就是由蛋白质、脂肪、碳水化合物三者的摄入量不均衡所引起的。因此，想要胃口好，长得壮，均衡的营养至关重要。只有不挑食，才是解决这些问题的最好方法。

孩子挑食，父母千万不能“逼”

孩子有挑食的习惯固然不好，但父母千万不要用“逼迫”的方法来改变孩子进食的习惯。这样做不但影响孩子的消化吸收，还会让孩子产生逆反的心理，从而更加挑食。那如何改变孩子挑食不好的习惯呢？简单几招让你没烦恼。

1. 表扬孩子。父母都很明白，所有的孩子都是喜欢表扬的，他们会因为表扬而进步更快。孩子挑食也可以用这个方法，当他吃下平时不吃的食物时，及时给予他表扬和肯定。这时孩子就会格外有成就感，从而轻松进食。

2. 不要放弃科学饮食的原则。家长在鼓励孩子的同时，不要忘了坚持自己的饮食均衡原则，不要因为孩子平时不吃蔬菜，今天吃了就让他一次吃很多，这对孩子的肠胃不好，也会让他产生口味上的麻木。所以，吃的适量最科学。

3. 适当与孩子谈条件。对于年龄稍微大些的孩子，家长可以通过引诱的方法，让他为了得到某些方面的满足而去进食自己不喜欢的食物。当然，这种引诱的法则不适合太过分，不然反而会养生孩子另外的坏习惯。

4. 对孩子的喜好不要过分注重。当孩子初食某种食物时，不要过分注重他爱吃不爱吃的感受。因为父母的心理会加强对孩子的挑食暗示，只有让他做到对所有的食物一视同仁，那他也就不会挑食了。

这些虽然都是简单的生活小方法，但对于培养孩子一个正常的饮食

习惯还是很有帮助的，父母们平时也可以总结自己孩子的习惯，找到让孩子妥协的方法，从而让他改掉挑食这个坏习惯。

不妨让孩子自己选择食物

当孩子有了自己的个性与习惯时，是最难改变和强求的事。这时孩子如果挑食，那家长又该怎么办呢？其实很简单，家长完全可以告诉孩子挑食的危害，同时再从食物的吃法上顺应孩子的要求，这样孩子再接受不喜欢的食物就简单得多了。家长可以教孩子认识食物，比如蔬菜、水果等食物，它是从哪里来的，又是怎么成长的，这个过程对于孩子相对陌生。但孩子有好奇心理，当他开始对某种东西产生兴趣的时候，就会开始试着去接受并研究。当父母将这些蔬菜、水果的生长直观地让他了解，那他再吃起来就容易多了。

如果家长能民主些，如何烹饪由孩子说了算，效果也会很好。可将当天要吃的几样蔬菜放在孩子面前，让他来选择要吃的，如何来烹饪。这些可以都是他不喜欢的食物，但选择就意味着必须接受，因此孩子会从这些食物中找出自己能接受的食物，于是正常进食。

对于好奇心强的孩子来说，让孩子亲自动手，参与制作是不错的方法。不管是切菜、洗菜，还是包饺子，不如给孩子一个机会，让他带着玩耍的心态来动手操作。这样就会很好地提升孩子对食物味道的好奇心理，从而加强进食的想法。

当然，像这样的方法还有很多，家长可以根据自己孩子的个性来不断改进方法，比如让孩子种一棵蔬菜，带着他去超市选购菜品，这样孩子就会有期待感，于是回避了挑食的机会。如果能再结合良好的故事，给予强化，那就更加完美了。

用餐氛围好，孩子才能不挑食

父母们可能不知道，孩子对于就餐时的环境非常有要求，如果你一直坚持：他就是个孩子，什么也不懂，那你肯定不算聪明的父母。因为孩子从小就会有喜好的原则，也会有内心情绪的感受，对父母，对餐桌，他尤为注重。这是食物可以带给一个人安全感神奇功效，孩子更是如此。

想要给孩子营造一个良好的进餐环境并不难，它并不需要有多高贵，而在于整个气氛是不是让人心情愉悦，是不是能给人美好的感受。所以，一般只要做到以下几点也就够了。

在孩子就餐时，父母不宜当着孩子的面进行吵闹，而是要保持祥和、安静的氛围。孩子在这样的环境里不会分心，体内各项激素分泌自然，从而产生进食的欲望。

另外，在孩子吃饭的时候，父母可以给孩子讲个相关的小故事，这样他就会对所吃的食物更有感觉，不知不觉中也就忽略了食物本身的味道。

不过，孩子不想吃某样东西的时候，一定不要强求，也不要一再夹给孩子。家长只需不动声色地放在一边，然后过几天再若无其事地让孩子食用。这样哪怕多反复几次，孩子也可以从中感受到这是餐桌上的必经过程，自然也就接受了。

总而言之，对孩子来说，父母的好态度就是让他们快乐进食的基础，而轻松愉快的过程更能让他们身体分泌出所需的进食欲望。父母所营造的这种不夸张、不强求、鼓励、表扬的进食环境就能让孩子快乐地进食了。

孩子不爱吃青菜，试试这些小妙招

不爱吃青菜似乎是很多孩子的共性。不吃蔬菜的危害很多，不但维生素不足，营养也不全面，而且还会令孩子养成挑食的习惯，因此绝对不能放纵孩子的这种发展。那么，要怎么做，孩子才会乖乖吃下他并不喜欢的青菜呢？

在烹饪上多用功夫，这是家长必经的过程。孩子总是有着很强的童趣，所以对于童话中的那些小动物尤为动心，这时家长可以将青菜与那些童话联系起来，就如同大力水手爱吃菠菜一样，会让孩子产生极大的食用欲望。

而聪明的父母，会将青菜藏在孩子看不见的地方。整棵的青菜目标太大，孩子对它就会很敏感，如果将这些青菜做成羹、馅料，然后化整为零，让孩子在不知不觉中吃下去，这样营养也是相同的。

增加孩子与各类青菜的互动，也是很好的方法。孩子对青菜区分得并不是很清楚，总习惯将绿叶植物视为一体。家长不妨带着孩子多熟悉一下青菜的类型，然后将它们做成蔬菜汁、蔬菜粒、蔬菜糜等，孩子就会有极大的尝试心理，自然也就吃下去了。

其实，家长如果只是从营养学的角度来考虑孩子挑食的问题，那么用其他同类营养的果蔬来代替青菜也不是错的方法。比如孩子不喜欢胡萝卜，那就给他多吃点儿西兰花、豌豆苗等蔬菜，这其中的营养成分也就相互弥补了。

所以，父母只要对孩子的挑食多用心，用自己的小方法也就可以轻易化解他挑食的毛病了。

父母要为孩子树立不挑食的好榜样

都说父母是孩子的第一任老师，这一点儿错也没有。因为父母的习惯与喜好总会潜移默化地反射到孩子身上。不仅如此，父母的饮食、卫生、起居等等习惯都是孩子从小所见所学的目标，因此，家长的一行一动直接影响着孩子个性的养成。

这也就足以说明孩子挑不挑食完全来自于父母的榜样力量，如果父母够聪明，就会从那些有益的食物上进行引导，让孩子走出挑食的坏习惯。那父母要如何给孩子树立一个不挑食的好榜样呢？

这就要求父母应该对自己常吃的食物进行甄别，让那些高热量，高脂肪，重口味的食物相对少频率地出现在餐桌上。这样孩子会从中总结出自己家平时进食的习惯，该吃哪些，不吃哪些，他会慢慢积累成标准。

不仅如此，父母还要减少对零食类的食物爱好，不管抽烟还是喝酒，这些虽然暂时不能对孩子影响，但会间接地告诉孩子，这些我们经常说的不好东西，并不会对身体造成什么大的危害。这样时间久了，孩子就会对挑食的危害予以忽略，慢慢养成自己喜欢的进食方式。

懒惰的父母肯定没有爱运动的孩子，所以父母应该加强运动，这不但对自己身体好，而且会影响孩子多运动。只有正常的运动量，才能让孩子脾胃健运，从而多吃食物，多补充营养。如此，挑食的问题也就能很好地解决了。

孩子既然有强大的模仿力，那从家长为什么不让孩子养成一个良好的习惯？因此，自己以身作则来不挑食，不养成坏习惯，也就等于及时制止了孩子产生一切坏毛病的机会。

快餐食品对孩子的健康没有好处

现在的孩子多以吃快餐为荣，而家长也乐得省心，认为这样既能让孩子多吃些，又省去了自己动手制作的麻烦。殊不知，这样的快餐食品对孩子的健康危害很大。这与快餐热量、脂肪、营养的搭配并不合理有关，吃的多了就会造成孩子体内营养的缺失，同时还养成了口味的挑剔。

当然，快餐食物绝不只是那些汉堡、薯条类的食物，更包括盒饭、各类半成品的食物。这些食物都是经过了特殊的加工之后，做出来利于保存，又利于制作的，它们的营养部分势必要打折扣。不仅如此，这些食物还会添加各类添加剂，从而增加孩子消化吸收的难度。

多食用这样的食物，就会给孩子带来意想不到的危害。

1. 肥胖。这是由于其热量过高所致，而肥胖对于孩子的身心发育是一大忌，最不利健康。

2. 缺少营养。这是因为快餐当中的维生素、钙质等元素流失，膳食纤维也缺乏，让孩子身体营养不足。

3. 增加致癌的风险。这是医学上研究之后一致认同的结果，这自然来自于各类油炸、过甜、过油等问题的影响。

因此，快餐只为了方便生活，偶尔吃吃无所谓，若经常食用就不好了。在欧美等国家，快餐是并不被看好的孩子食物；经常吃这些食物会严重影响孩子身体以及生理的需要。倒是那些富含营养、维生素、矿物质等元素的食物，才是孩子健康的基础。

不要让孩子养成重口味的习惯

在很多家长眼里，所谓的重口味就是重辣、重油的食物，其实不是这样的，那些方便面、油炸食品、各类零食都是重口味的一种。它们高油、高糖、高热量，这样的东西吃的时间久了，孩子就会感觉白饭青菜淡而无味，从而成为挑食、挑口味的孩子。

不仅如此，各类重口味的食物对孩子身体健康的影响是很严重的：重盐会伤到孩子的肾脏，重油会让孩子脂肪飚高，重糖使孩子热量超标；而那些零食中的添加剂则会让孩子的脏器雪上加霜。

所以，在孩子最初吃辅食的时候，家长就应该有意识地选择一些无添加、相对清淡的食物来喂养孩子，这是孩子口味养成的关键时段。进食之后，一定用清水给孩子漱口，口味的遗留会让孩子口腔加重食物的味道，从而提升他对味觉的敏感。

如果孩子对已经有重口味的倾向，父母在调味料上就要采取慢慢减少用量的方法，一下子给他纠正过来会引起孩子的逆反与不适。

家长千万不要以忙为借口经常给孩子吃半加工的食，半加工的食品本来就比自己动手制作的食物口味要重，其中各类调味品的加放量都是超标的。越常吃这类食物，孩子就会越依赖这个口味。

平时家长可以多利用自然的香料作用，改变孩子对口味的敏感度，比如香葱、茴香、香菜等带有自然气息的香味调味料，经常加在菜中来烹饪，孩子会慢慢减少对重口味的喜爱。

为了孩子的身体健康，为了他养成一个正确又不挑食的进食习惯，家长最好是从孩子刚摄食时就进行对味道的干预。这样不但能让孩子养成良好的进食习惯，更能让他的脾胃不受伤害，身体健壮强大。

把孩子爱吃的和不爱吃的结合起来

孩子之所以挑食，在很多时候并不是拒绝某样食物，而是他会选择食物中好吃的来吃，从而慢慢抵抗自己认为不好吃的东西。这时家长们就应该注意了，放低孩子对食物的认同感受，不要养成鼓励他寻找自己爱吃食物的习惯。

对已经有分辨能力、也经常挑食的孩子来说，家长在烹饪的时候就要多用点儿心了，如果能将孩子爱吃的食物和不喜欢的食物结合起来，让他带着乐趣与喜好吃下去，不但能慢慢纠正孩子挑食的坏习惯，还能让孩子身体更好。下面就与大家分享几个将食物进行结合的小方法，简单又实用。

1. 采用东北乱炖式的烧菜方法。有的孩子会不吃这种菜，又专爱那种味道，这时家长可以将这几样不同的蔬菜放在一起，不管是炒还是炖，都会加强菜的色泽感与香味。这时孩子的食欲被味觉调动起来，就能慢慢接受与他所爱吃的食物一起烧制的不喜欢食物。

2. 多吃汤、粥类的食物。这种方法对于不爱吃肉的孩子特别管用，比如用瘦肉、骨头等炖汤，就算孩子不肯吃肉，但汤的营养已经比较充足了。还可以用这样的汤来煮粥，不但鲜味浓郁，营养也更加丰富。

3. 荤素结合法则。爱吃肉的孩子总感觉菜类没味道，不喜欢。这时家长不妨将肉与菜剁碎，做成馅类来食用，比如包子、饺子、馄饨等等。这样的馅料中还能加入鱼、虾、蛋等孩子不认同的其他东西，孩子不容易分清也就无从挑拣了。

零食与饮料一定要减少

现在孩子最不缺的就是零食和饮料了，可这些东西吃多了对身体真的一点儿好处都没有。不仅如此，过量食用零食与饮料，还会造成孩子挑食、积食、脾胃失调的大问题，因为零食、饮料含有不同的添加剂。专业人士已经总结出了零食与饮料对孩子的若干条伤害，家长们最应该有选择、有认知地去给自己的孩子食用。

膨化零食类零食，家长要严格把控。这样的食物都是经过高温炸制的，不但油脂高，热量高，纤维也受到了破坏。多食用这类零食会造成孩子热量过高、油脂超标、粗纤维摄入不足，久而久之孩子就会变成小胖子。

果冻类零食也并不理想，这样的零食口感滑爽，色彩丰富，孩子们都很喜欢。但是为了制造这些食物，不得不加入琼脂、明胶、海藻酸钠、卡拉胶等增稠剂，以及香精、甜、酸味剂等等人工合成原料。这些东西不但影响孩子对铁、锌的吸收，还会影响孩子的消化与吸收能力。

各种口味的汽水饮料，也要尽量远离。汽水类饮料主要以糖精、安赛蜜、甜蜜素等东西调制而成，没有任何营养，却会对孩子的消化道黏膜产生刺激，造成消化不良、新陈代谢减弱等问题。

可乐、咖啡类饮料，也最好少给孩子喝。大家都知道，咖啡因类的饮料会让人的中枢神经产生兴奋，从而刺激心脏，加速心跳。孩子多喝这样的饮料会出现头晕、紧张、烦躁等症状，而且咖啡因还会刺激胃酸分泌，从而造成胃动力不足。

因此，家长爱孩子，最好适量减少零食与饮料的供应。如果能用天然的，自己手工制作的食物及果汁来代替，对孩子就再理想不过了。

保健补营养不如按摩脾胃

很多家长总认为营养对孩子成长是最好的，所以会给孩子服用各种营养类的食物甚至是保健品，这对孩子的脾胃造成了很大的损伤。不仅如此，医学研究还发现，过量食用保健品，会让孩子产生早熟现象。这对孩子的发育成长无疑是极为不利的，家长如果真想让孩子健康、正常地成长，不如经常帮他按摩一下脾胃经络，从而促进孩子对食物营养的消化吸收，让身体气血充足，茁壮健康。

说到按摩脾胃经络，家长们可能会担心太复杂，掌握不了。其实，就是简单的几个小动作就能达到很好的效果，家长们一起来动手试试吧。

1. 孩子吃过饭后两小时左右，让他平躺于床上，家长将双手上下交叠，轻轻地按在孩子肚脐部位，顺时针绕着肚脐周围推动 10 次，再逆时针推动 10 次，这样反复 3 次。

2. 推完之后，双手停在肚脐处，微微颤动手部，令腹部随之颤抖，持续 3 分钟即可。

3. 双手分开，握空拳在孩子的腰部两侧轻轻快速敲打，力度不要过大，以孩子可以接受就好；敲打 3 分钟可停。

4. 将手指放在孩子脚部大踇趾的外侧，顺着这个方向朝上推动，一直到小腿的膝关节处，这里有人体的太白、三阴交、足三里等几个脾胃经脉上的穴位，这样反复推 10 次。

5. 将孩子的手放在自己的手掌，用拇指按压孩子腕部内侧横纹中间的地方，这里是内关穴，可稍加用力，以 3 分钟为宜。

如此，半小时，家长就对孩子的脾胃进行了有效的按摩。经常得到按摩的孩子不但胃口好，而且还会消化、吸收的好，对身体是极有帮助的。

孩子挑食和脾胃有关系

孩子挑食是家长最头疼的事，可家长们却不知道，孩子挑食很有可能是脾胃不好造成的。这是因为脾胃虚弱的孩子会产生胃热、胃寒等现象，从而对某类食物消化不良，或者是偏爱重口味东西，如此时间长了，也就慢慢养了挑食的习惯。应该说，这是孩子对自身需求的一种本能应对，但却很大程度上缺失了营养的全面性。所以，想要孩子不挑食，还是要先从调理脾胃开始。

调理脾胃并不是单纯做出可口的饭菜就能解决，家长们要多花点儿心思才行，这里就告诉大家几个小细节，以方便家长更轻松地帮孩子调理脾胃。

调动孩子运动的本能，这比外力要强得多。要想脾胃好，运动是离不了的，让孩子在饭前多散散步，做会儿游戏，可以让他更有食欲，从而产生饭菜吃得更香甜的心理。不过家长要注意，不能玩得太过，不然也会因饥饿过度而伤了脾胃。

给孩子营造一个他喜欢的空间来就餐，是非常好的方法。这是为了让孩子心情愉悦，一个人只有心情好，他的消化吸收能力才更强。好看的食物、好玩的餐具以及充满乐趣的空间，都会让孩子心情轻松。

家长最应该注意的是，不要强迫孩子吃东西。这是为了让孩子保持心理上的自然，如果家长一味地强迫孩子进食，就会让孩子感觉到心理上的压抑，令脾胃不适。而且会对你喂给他的饭菜产生厌烦情绪，这对他日后的接受就带来了一定的影响。

当然，进食适合脾胃的食物是养脾胃的原则。对脾胃来说，细碎的、软糯的食物是最好的、家长可以多给孩子选择一些养脾养胃、又补益气血的食物来进食，不但利于孩子的营养，又能养护脾胃。

教给父母促进孩子食欲的招数

有的孩子不但挑食，还吃不进东西，为此，家长不知有多伤脑筋。面对这样的问题，医生却并不建议给孩子吃什么消食类药物。因为“是药三分毒”，孩子脾胃本来就弱，再经药物的刺激就要更弱了。

不能吃药，又吃不进东西，现在怎么办呢？家长们不用担心，就算不吃药，父母也有办法提高孩子的食欲，现在就教大家几个穴位的按摩，

让你轻松调动孩子的食欲。

1. 补脾经

脾经如果通畅，就能带动胃经的有效运转，于是人就会有胃口进食。所以家长要先从孩子的手上找到大拇指外侧突出的那块赤白肉，然后顺着这里向手指根部推，力气不要太重，单方向推过去，然后回来再推过去，万万不可来回地搓。这样推 3 分钟，接着将按大拇指的指腹，顺时针揉动，再揉 3 分钟即可。

2. 按摩天枢穴

天枢穴在大拇指的两侧，这个穴位专门理气消滞，能促进孩子消化。按的时候只用两个手指捏住大拇指两侧用力揉就好。如果孩子体质一般，揉的时间就短一些；体质好，年龄又大一些，就多揉一会儿，基本以 10 ～ 20 分钟为限。

3. 推八卦穴

八卦穴的位置也在手掌上，是从手心开始到中指的指根部，然后划成圈即可。这个穴位是消食的，同时能平喘化痰。不过，家长在给孩子推动的时候，要一手捏住孩子的中指，一手以逆时针方向推动，力气不用太大。根据孩子的年龄，以 5 ～ 15 分钟为宜，年龄越小，就要推的时间越短。

这 3 个位置每天做一次，你的孩子很快就会对饭菜感兴趣了。而且这不但让孩子的脾胃好了，还能增强气血，治疗气燥火大等问题，算是一举多得的好法子。

脾虚怎么吃才能改善

家长们都知道，孩子脾虚会有很多危害，所以一定要补脾。可是家长们知道吗？脾虚又分脾阳虚和脾阴虚，你只有明白了它们之间的不同，才能真正科学地对脾脏进行滋补调养。下面我们就看看脾阳虚有哪些症状。

脾阳虚弱者可以从舌头上来看，一般颜色淡白，舌苔周围有齿痕；另外，多汗的孩子一般是脾阳不足，他们动不动就出汗，而且会有气喘的症状，平时少动懒言、四肢乏力。最后，脾阳虚的孩子大便都不成形，吃完东西还会有腹胀感。

如果有以上几种情形，家长就可以断定自己的孩子是脾阳虚了。在饮食上，肯定要有所注意，那就是要以补脾阳为主，性质温热的食物可以多吃，但寒性、生冷的要忌食。下面就讲两个简单的食疗方，方便家长操作。

姜椒羊肉汤

取一块羊肉切成小块，焯水之后放入煲中，加生姜、花椒和八角各适量同煮，吃肉喝汤即可。这个方子最能温中散寒，滋补脾阳是很有效的。

四和汤

取芝麻500克，茴香60克，面粉500克；将这三样东西炒熟，然后磨成粉，加食盐30克搅匀放在盒中，每天早上用开水冲服一杯。这个方子对脾阳不足，胃痛、腹痛都有着很好的改善作用。

除了以上两个方子，脾阳不足的孩子还适合多食用葱、姜、蒜、胡椒等类的温热调味料，家长在为孩子做饭菜的时候，可以多加一些能祛寒升温的食材，从而促进孩子脾阳滋长，达到脾胃强健的效果。

与脾阳虚不同，脾阴虚的孩子又有另外的症状，家长在观察的时候，也可以先从口唇开始。通常，脾阴虚的孩子唇部是很红的，这种红要艳于普通的唇色。再看舌头，也是鲜红色，而舌苔却很薄甚至没有。不过脾阴虚的孩子眼袋相对明显，其眼下方微微突出，颜色稍有发红。

脾阴虚在临床上的症状有很多，但很好分辨，脾阴虚的孩子容易哭闹，脾气非常不好，而且很好动。他们晚上睡觉时会盗汗，手心和脚心都发热。容易咽喉肿痛、口舌生溃疡、肚子胀痛、大便秘结等等。脾阴虚对孩子的影响明显大于脾阳虚，据调查显示，那些有自闭症的孩子，多为脾阴不足。

家长在饮食上调理孩子脾阴虚时，千万不要按脾阳不足的方法进行调理，因为它们刚好是相反的两种不同症状，所以饮食宜忌也就刚好相反。平时可以给孩子多吃一些寒凉的食物，比如莲藕、百合、绿豆等。

对付脾阴虚，家长们可以用这个小方子来进行治疗，简单又好用。

薏仁、莲子、山药各 9 克，麦冬、沙参、生地各 6 克，甘草 3 克，冰糖 20 克；将这几味东西一起放进砂锅，大火煮开，小火慢煮 30 分钟，然后去掉药渣直接饮水就好。

这是一个很专业的实用方，不但口感甜，而且又没什么药味，适合孩子来服用。每天将它当成饮料喝下去，连喝 5 天即可。

另外，脾阴虚的孩子平时要以多喝点儿蜂蜜水、梨汁等性凉味甘的水饮，这对于补脾阴更有帮助。家长只有在饮食上做到禁忌分明，孩子才能脾胃健康。

改善脾胃虚弱的食疗方

了解了脾胃的特性，家长们对孩子脾胃的调养就轻松多了，但是，治病不如防病，为孩子养脾胃要从一食一饮开始。中医也一直提倡，药补不如食补，所以，家长们想要改善孩子的脾胃，就应该多学几个有益脾胃的食疗方。

当然，脾胃虚弱只是一个总称，反映在不同孩子身上会有不同的症状，只有对自己孩子多进行观察，然后进行食补才会有效。下面几个适

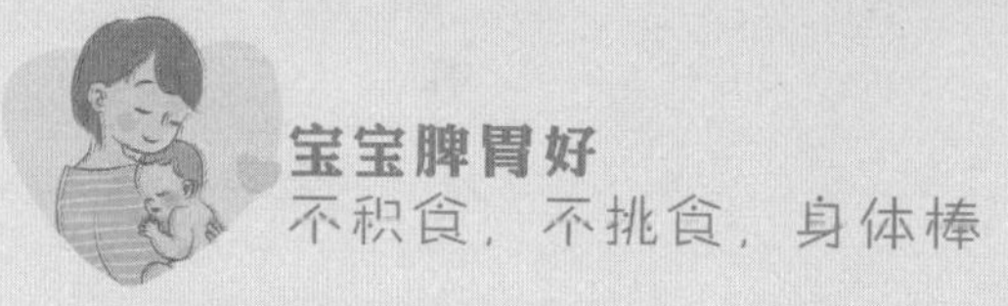

合不同症状的方子，家长们选择使用。

莲子山药粥

食材：大米 50 克，山药 80 克，莲子 30 克。

做法：大米淘净，莲子去心，山药去皮切成小碎丁；然后将大米和莲子一起煮粥，在粥煮到八分熟时，加入山药，一起大火煮制到黏稠状即可。

适用：食欲不强、四肢消瘦的孩子。

红枣小米粥

食材：小米 30 克，红枣 10 枚。

做法：将小米洗净，然后放进铁锅中炒制，等到小火略有黄色，加入清水以及红枣，大火煮制。水开之后，改用小火继续熬制半小时，可每天食用。

适用：消化不良、挑食厌食的孩子。

麦冬扁豆粥

食材：大米 40 克，扁豆 15 克，麦冬、沙参各 10 克。

做法：将沙参和麦冬加清水 500 毫升煮开，煎煮 10 分钟，然后滤出汁水备用。大米淘洗干净之后，与扁豆一起放进砂锅，取麦冬、沙参药汁倒进去，再加适量清水，煮成大米粥即可食用。

适用：手心脚心发热、大便秘结的孩子。

以上几个小食疗方对于脾胃不足有着很好的改善作用，家长们可以根据自己孩子的问题，然后对症进行食补，这样才是有益脾胃的好方法。

孩子挑食要补充维生素

孩子挑食是个坏习惯，可是家长孩子挑食的原因是什么吗？说出来你可能想不到，那就是B族维生素缺失。因为人体摄入的食物在分解消化的时候，是需要B族维生素来参与的。缺少了它，人的代谢功能就会紊乱，从而脾胃不和，免疫力下降。所以，想要孩子不挑食，补充B族维生素才是关键。

当然，含B族维生素的食物很多，特别是肉类食物。但针对孩子挑食的个性，家长不如就为他寻找一些当成零食吃的B族维生素食物方，相信，孩子这样吃会又健康又营养。

火龙果胚芽饮

食材：火龙果300克，小麦胚芽30克，白开水适量。

做法：将火龙果去皮（为了视觉上的好看，家长可以选择红火龙果），切成小块，然后放进搅拌机中，加适量白开水，充分打碎。将打好的火龙果汁倒进杯中，然后将小麦胚芽加进去，进行搅拌便可以了。

功效：火龙果富含维生素C，而小麦胚芽则是B族维生素的代表食物。这两样食材加在一起，既增加脾胃功能，又能满足B族维生素的需求。

坚果烤香蕉

食材：香蕉1根，杏仁、核桃、腰果各10克，沙拉酱适量。

做法：将香蕉皮剥掉，然后一切两半，直接放进烤箱内烤制5分钟，看到香蕉表面变得发黄时，便可取出。然后将杏仁、核桃、腰果切成碎粒状，放进锅中炒一下，等到坚果炒出香味，随意地撒在香蕉上。这时取适量沙拉酱倒在坚果香蕉上就可以食用了。

功效：坚果中的B族维素最丰富，不但能补充营养又能提升口味；

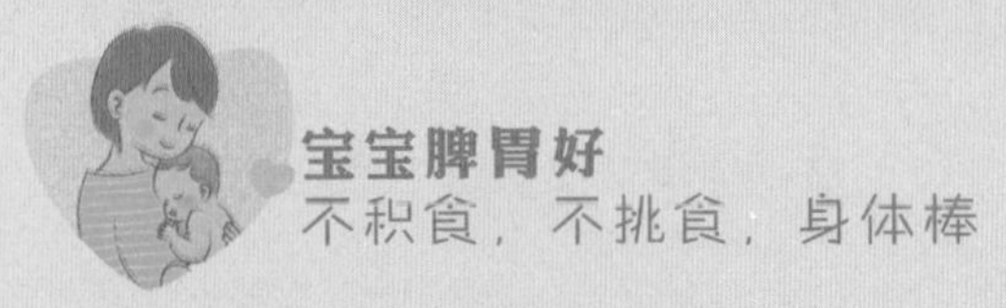

再加上香蕉的作用，便可以有效地促进肠胃的蠕动功能，从而在满足营养所需的同时增加食欲。

过分挑食致瘦弱如何调理

过分挑食的后果往往是营养不足、身型瘦弱。而瘦弱又会让孩子抵抗能力降低，从而爱生病。面对这样的问题，妈妈们想得最多的大概就是如何让自己的孩子胖起来。其实，这并不困难，只要增加营养就很容易调理孩子的瘦弱问题。

不过，对挑食的孩子却不是简单地补充营养就够了，因为孩子之所以会瘦，是因为营养不足，而营养不足又造成脾胃虚弱，这样吸收功能不强。也就是说，如果脾胃功能不改变，再多的营养孩子也吸收不进。所以，有这种症状的孩子要调理身体可大有讲究。下面就告诉大家两个对症又有效的食疗方，帮妈妈们轻松解决孩子挑食不长肉的难题。

豆蔻炖乌鸡

食材：豆蔻 10 克，乌鸡 400 克，红枣 10 枚，葱、姜、食盐各适量。

做法：将乌鸡处理干净，切成小块，焯水。之后将焯好水的乌鸡放进煲内，加入豆蔻、红枣、葱、姜、清水，大火煮开，小火煲 40 分钟，最后用食盐调味即可食用，妈妈们要记住，一定要少放点儿盐。

功效：健脾、补气血，最适合脾胃虚弱，有腹泻、贫血等症的孩子食用。

美味养胃粥

食材：山药 30 克，芡实 40 克，大米 50 克，花生米 20 克，红糖适量。

做法：将山药去皮，切成碎丁；芡实一定要充分浸泡。将洗好的大米、花生米与芡实放进砂锅里，加适量清水，大火煮开之后小火煮30分钟，然后将山药放进去，继续煮20分钟，再放进红糖搅匀即可。

功效：养胃补脾，益气生津；适合食欲不振、又了无生气的孩子。

挑食孩子感冒了吃什么

孩子本来就挑食，如果感冒了就更麻烦，这不吃那不吃，感冒又不容易好，妈妈们该怎么办呢？想必遇到这样的问题，大家都很发愁。不过现在好了，因为我要告诉你几个易于操作的小偏方，对付孩子风寒感冒很管用。

橘子偏方

取一个小点儿的橘子，一般贡橘大小就可以。然后将橘子放在火上烤，要用小火慢慢烤。皮变黑了也不要紧，一直烤到橘子里面完全热透，有热气冒出来就可以了。将它放在一边凉一会儿，然后剥开皮，让孩子吃里面的橘肉。如果孩子太小，喂两三瓣橘肉就可以。一天吃两次，可以止咳化痰，也不影响食欲，孩子的感冒也会很快好起来了。

这是利用了橘子能开胃、补充维生素C的好处，感冒时补充维生素C是最好的；可以刺激食欲，又能清咽利喉，连鼻塞的问题也能一并解决。

鸡蛋偏方

打一个鸡蛋放在碗内，充分搅开，然后取一块生姜，用刀拍碎，用力挤压姜汁滴在碗里，多滴几滴更好，但不要有辣味产生。接着在锅内加点儿香油，直接炒熟鸡蛋让孩子吃下去。连续多吃几天，一般让孩子临睡前趁热服用，效果更好。

这个方子最适合体虚的孩子，鸡蛋能补充孩子所需的营养，而姜汁则有效祛风寒，多吃几个，就能补充抵抗力，对付感冒了。

大蒜偏方

用两瓣大蒜（如果孩子年龄大，可多加一瓣），去皮之后用刀拍碎。然后将蒜放在一个小碗内，再放冰糖 2 克，清水 30 毫升。在碗上盖一个盖子，放进蒸锅内大火烧开，再改为小火，蒸 15 分钟，便可以取出食用了。

大蒜对风寒感冒最有效，不但止咳嗽，还能振奋脾胃，这比吃药还要管用，又容易让孩子吃下去。

好用的挑食小验方

家长们大概都有这样的感受：孩子一挑食，就左也不肯吃，右也不肯吃。不仅如此，而且身体变得又虚又弱，人都面黄肌瘦的。面对这样的问题，家长们肯定都头疼不已了。不过，在这里我要告诉大家两个好用的验方，用来帮孩子纠正挑食的坏毛病非常好用。

外用方

取槟榔 10 克，高良姜 6 克，然后将它们研成细末，装在小盒子里备用。每次从中取出 2 克粉末放在孩子肚脐眼中，用干净的纱布盖上，以胶布固定。如此每天更换一次即可，连用多次才有用。

这个方子最能滋养脾胃之气，从而增长孩子的食欲。挑食的孩子，只有把脾胃调理好了，才能真正解决挑食的问题。

食用方

取山药、生姜、党参各 100 克，蜂蜜 500 克备用。先将生姜捣碎，挤压姜汁放在碗里。然后将党参和山药都研成细细的粉末，与蜂蜜、姜汁进行搅拌。待到搅匀之后，隔水加热，一边加热一边搅动，直到搅得黏稠了，变成膏状即可放在罐中食用。每天吃 3 次，每次吃 1 勺，也可以将它放在粥里服用，要每天吃，大约十天可以起效。

此方中的食物都是健脾养胃补脾的，对脾胃虚弱有着很好的调理作用。不过如果孩子胃阴不足，这个方子就要减少用量，倒是可以将白萝卜打成汁，与蜂蜜调和煮来饮食，效果要比其他方子好用得多。

第三章　轻松改善积食，强壮孩子身体

如何辨识积食，教父母轻松确认

说到积食这个词，家长们都不陌生，可是怎么来正确辨识积食，似乎又都说不出具体的症状，现在我就教大家几个小方法，对孩子察言观色，认识积食。这个法子绝对简单，所有的家长都会轻松运用。

闻气味：积食的孩子最大的特征就是胃热不消化，因而胃气不降，孩子只要一开口就能闻到很浓的异味感。

看舌苔：让孩子伸出舌头，看上面是不是有一层比较厚的苔体，它的样子又很特别，不会均匀地分布在舌头上，而是在舌头的中间部位，形状圆满，犹如一个硬币。

观食欲：孩子不想吃东西，胃口极差，这证明孩子积食了，不过食物积于胃部，所以才会胃口不足。还有一个情况是孩子吃的很多，但却不长胖，这是脾内积食，从而无力运化营养造成的。

查脸面：积食的孩子鼻梁两侧有青白色，而且面色发黄，人明显无神，让人感觉精神萎靡。

记睡眠：平时可以记录孩子的睡眠习惯，如果孩子突然变得睡卧不宁，又会盗汗，那就很可能是积食了。

以上几个方面虽然很容易观察，但却是积食与否的关键所在。有心的家长可以从孩子的变化中感受出来，于是知道他是不是积食了。

当然，积食还有其他的症状，比如会有突然的腹泻、恶心、呕吐等急症，另外也会有大便硬结、小便短黄或者清长、大便很臭等。这些都是孩子积食的表现。当家长掌握了这些问题时，就应该着手为孩子处理积食了。

积食会影响孩子的健康成长

积食并不是简单的进食不香、没有食欲，家长要从孩子的成长健康上来对待才行。因为积食的危害很严重，它可能会影响到孩子未来的体质，甚至是他整个成长过程中的各种病症。这是为什么呢？我们分析来看一下。

积食的孩子容易咳嗽。这是因为脾是生痰的器官，而肺是贮痰器官，如果积食时间久了，脾胃虚弱时，就会生成痰，于是肺受到影响，咳嗽不停。一般积食的咳嗽就表现在肚子胀、嗳气、口臭等方面，这时家长应该脾、肺同治。

积食还会引起发热。脾胃在人体的中间部位，当食物不能消化时，就会积结在一起然后变成积热之症。热症会损伤人体阴液，于是孩子的体温也就相对升高了。这时孩子会有呕吐、消化不良、面色发黄等现象。

另外，积食常引起头痛病。孩子如果没有受风寒，又经常说头痛，那家长就要想到孩子是不是积食了。因为人的前额是对应脾胃的，这里疼痛就是脾胃虚弱所引起的。

便秘与腹泻，就更是积食常见症了。积食让脾胃运化不足，这时食物会积滞在肠道里，而积食发热之后，导致肠内阴液不足，从而大便干燥。有时也会表现为腹泻，这是因为积食之后如果孩子再遇风寒、湿热等症，那就要引起脾胃的失调，令不消化食物直接排出体外。

除了以上几点之外，积食还会让孩子的呼吸系统受到影响，比如说咽炎之类的问题，都是因为积食影响脾胃功能，从而失去了基本的抵抗力以及积食所造成的热症等。这些症状看似都是小毛病，但却对孩子的正常成长有着很大的阻碍，让他们不能吸收营养，不能正常代谢，最终导致成长上的缺失之憾。

脾胃不和易积食

脾和胃是人体消化系统的首领，它们的关系非常密切，它们一旦产生不和，那后果还是很严重的。孩子积食的问题，多半来自于脾胃不和。我们可以打个简单的比方，胃如果很强壮，而脾很虚弱，那它们之间就会不和。这是因为胃吃进的东西，要由脾将营养送出去，不然胃内会太满，无法再装下其他东西了。

也正是因为这个原因，孩子积食就要调和脾胃之间的关系，让它们通力合作，才能完成吃得下、消化得掉、又吸收得了的过程。那么，如何让脾胃相和，又合作愉快呢？那就要求父母来给孩子多加引导了。

饮食的规律非常重要。每天进餐的时间相对固定，吃的量相对均衡，不要一顿吃很多一顿又不吃。这对于脾胃都是一种刺激，让它们无法进入有序的工作状态。

家长应该记住，让孩子少吃生冷、寒凉食物。脾喜温热，如果孩子总吃生冷的食物，虽然胃能消化，但脾会不受，这样它们就会生出不和来，那吸收就是个大问题了。

孩子爱吃肉，家长就必须少给他准备油腻食物。大鱼大肉要有控制地食用，而油炸的食物更要少食。这样的食物会加重脾胃的负担，不管脾还是胃，一方不能承受这个负担，那就要产生消化不良的病症了。

当然，平时注意防寒保暖也是必须的。胃在寒冷的状态中会出现功能减弱，这就会消化不强，于是脾得不到良好的营养供应，慢慢也会变弱。

其实不管讲多少方面，还是要强调一句话：正常饮食。只有保证饮食的正常，让脾胃不受外来压力的刺激，那么它们就能很好地合作，并让你的孩子营养充足，不积食。

脾虚火旺容易食物积滞

脾虚的孩子火气都大，这是因为脾虚无力运化营养，胃内积滞食物无法输出，从而引起热症。当脾虚火旺时，积食的问题也就出现了。通常情况下，脾虚火旺的孩子会表现为：喜伏卧、睡眠不安、易怒、面色炽热、大便干、有口气等。

家长遇到这种情况，可以自己在饮食上来为孩子调理脾虚火旺的问题，这当然就是清热导滞为主的方法了。食物当中清热的很多，但消滞的却并不是随便哪样都行。而在所有的食物当中，白萝卜却是清热化滞两全的食材，下面就告诉家长白萝卜的两个食用方法。

香菜白萝卜

食材：白萝卜 300 克，香菜 50 克，麻油、食盐各适量。

做法：将白萝卜去皮，切成滚刀块，再将香菜择净，切成 2 厘米左右的段状。白萝卜要放进油锅翻炒，一直炒到白萝卜变色，然后加盐和水，大火煮至酥烂，放入香菜和麻油翻一下食用即可。

海带萝卜汤

食材：海带 100 克，白萝卜 300 克，盐适量。

做法：将白萝卜去皮，切成 5 毫米左右的厚片，然后放进砂锅中，加海带丝一起用大火煮开，再放盐调味，小火慢炖 30 分钟，即可食用。

这两种吃法都能清胃热，祛积食，同时又酥烂软糯，不会伤及脾胃。

不过，如果孩子消化不好，胃热吐逆时，就不要用白萝卜来治疗了，可以改为南瓜，或者山药。可加适当的红枣，做成汤来给孩子食用，这样不但消食又能补脾虚弱的症状。多给孩子吃几顿，问题也就解决了。

面对积食，小方法就能调理

积食这么常见，家长们肯定人人都想要了解几个祛积食的小方法。这实在不是大问题，只要肯用心，你会发现，生活中到处都可以有调理脾胃、祛积食的良方。比如以下这几个小方法，简单又好用，家长们不妨用来试试效果。

对于孩子爱喝饮料的问题，家长可换掉饮料的主角。平时孩子们爱喝的不是各类奶制品就是汽水等饮料，其实家长完全可以用谷芽、麦芽煮水给孩子喝。这种煮法很简单，取谷芽、麦芽各 15 克，加 800 毫升清水，大火煮开之后，小火煎 10 分钟。这样凉一下就可以直接饮用了。如果孩子觉得口味太淡，可以在水稍凉之后加适量的蜂蜜，就成了一杯甘甜、清香的消食、养胃饮品了。

孩子的零食也并不都一无是处，比如说陈皮。家长都知道，陈皮有消食导滞的作用，平时可用来作零食。家长在做粥的时候加入陈皮，不但可以让粥酸甜可口，还能促进消化，提升脾胃功能。做法也很方便，就是大米、山药各 50 克，陈皮 5 克，然后放在一起煮成粥，每天喝一次就好，保证孩子不积食，又消化得快。

家长还可以自制一个消食贴；这相比吃的喝的东西，似乎更好用。

家长可到药房买 1 个五倍子，然后回来之后压成细粉，用面粉、醋调合一下，做成一个小饼状的东西，直接贴在孩子的肚脐上，然后用布包上以胶布固定。这样用一次就有很好的效果，对于那些出汗多、消化不足的孩子最理想。

这些方法是不是都很简单？家长们用的时候完全可以信手拈来，也就解决了孩子积食难过的种种不适了。

对付积食，妈妈也能当医生

最了解孩子的人肯定非妈妈莫属了，当妈妈面对孩子有积食的时候，与其左骗右哄地让他去看医生，不如自己动动手，像医生那样为孩子解决大问题。相信，这是孩子喜欢、也是家长乐于使用的方法，那就跟着我的方法一起来帮孩子祛积食吧。

第一步，揉板门穴。这个穴位在手掌的大鱼际部位。妈妈们只需要用大拇指为孩子揉按这个穴位 30 次就可以，力度大小合适，以孩子能承受为主，一天可以揉两次，早晚进行。

第二步，退六腑。所谓六腑就是一条直线，它在手膊的肘关节到腕横纹处，以外侧为主。“退”就是妈妈们需要用食指和中指的指腹，从孩子的肘部外侧一直向腕横纹处推动，单方向进行。这样每天推两次，每次 30 下即可。

第三步，按摩小肚子。妈妈们在给孩子按摩上肚子的时候，要先将双手搓热，然后以肚脐眼为中心点，顺时针方向轻轻划圈按摩。这样一直划 30 圈，一天两次，医学上称为摩腹法。

第四步，推动七节骨。这时需要孩子趴在床上，妈妈们找到孩子腰部第二腰椎骨，然后一直向下推，直至第七节椎骨。推的时候需要以食指、中指的指腹进行，而不是整个手掌，力气也不要太大，以免搓伤孩子的皮肤。如此推 30 次，一天两次。

这样，一套完整的推拿去积食的方法就完成了，真是超级简单的手法，相信妈妈们一次就能记住。而且一天推两次根本用不了多少时间，给孩子讲故事的过程中也就完成了。是不是很实用呢？

跑跑跳跳，是祛积食的省力法则

脾胃想要好，那就不能一天只吃不运动，不然它们的动力很快就下降了。对于孩子也是这样，天天吃很多东西却不活动，那么积食就会自动找上门来。因此，平时带着孩子多活动一下手脚是非常有必要的。至于活动的方法，相信每个妈妈都有一手，不过孩子运动要注意，不能力度太强，也不能不痛不痒。

对好动的孩子，运动运动时应做好防护。好动是孩子的天性，不但冒失又不知轻重。这时父母就是孩子最好的保护神，要经常在孩子的左右充当助手，不给他们冒险的机会。与父母一起散步、一起学舞蹈都是很好的方法，又有乐趣又安全。

如果时间允许，可以经常去野外看看风景。去郊外不一定非要有美景，只是陌生的环境会让孩子感觉新鲜，所以会有活动的心情。这样不但让他们多活动了身体，还能消食、呼吸新鲜空气。比起窝在家里，郊外算得上是孩子的乐园了。

但家长一定要记住，每次运动必须要有节制。不是说运动越多越好，特别是对孩子来说，一次运动过量会让孩子身体虚弱，从而伤到身体，也不利于脾胃。散步的话以半小时为度，如果是去郊外，则以一小时左右为宜。

运动就是为了让孩子活动起来，不要天天坐在一个地方看故事，吃东西。所以，这样的活动尽量每天都有，如果家长实在没有时间，不如

在做家务的时候，让自己的孩子跟在后面捣捣乱，他玩的开心，也就相当于运动了。

营养够了就行，不要强调"高端"

生活条件变得越来越好，孩子们吃得也越来越好，可体质却越来越不如从前，这是为什么呢？不但如此，孩子更容易感冒，爱咳嗽，甚至哮喘病也成了主打病症之一。这其中有一部分是因为空气的污染，而一大部分却源于营养过剩。这恐怕是让很多家长感到吃惊的吧？

确实如此，孩子处于生长发育的特别阶段，这时他们需要更多的营养，可是他们脾胃功能不全，高脂肪、高蛋白等营养品对他们的脾胃是一种伤害，不但难以吸收，还会引起积食、消化不良等等问题。于是营养积热生痰，痰气上逆，孩子自然也就咳喘不停了。

家长不妨对照自己孩子的问题看一下，是不是因为营养太过高端、太过丰富，已经造成了孩子体内积食。

首先，孩子手脚发冷，有时会咳嗽时有白沫吐出，虽然哮喘却无热度，这是典型的寒凉积食。也就是说，你的孩子所进食的食物与营养中寒性成分多，而他平时也以生冷食物为主。久而久之，脾胃寒凉不消化，造成了积食。

有时家长不理解，孩子明明身体不错，但喜欢吃冷的东西，大便还很干结，有时体热高，经常口干舌燥。这是热症的表现，孩子积食后胃热伤阴，说明他吃的东西性质太过温热。

有的孩子积食则是表现为怕冷，但一活动又会出汗，脸色比较苍白。这不是营养不良，是营养太多，造成脾胃不消化，从而引起肺气虚弱。如果孩子食欲不强，四肢沉重，有时两三天一次大便，可有时又会拉肚子。这是因为消化不良造成的积食，从而伤到了脾脏，脾气难平所致。

由此，家长们可以知道，孩子的营养只要日常跟得上就好了，太多高级的，或者过多的营养，因为成分、用量都难以划分，孩子的脾胃也就要受伤了。

零食要少吃，为孩子的胃留足空间

家长们总是抱怨：我的孩子就是不爱吃饭，可他明明只吃了几包零食而已，为什么会不饿呢？确实，几包零食对孩子来说真不多，可他为什么不饿？这只能说明他的脾胃出了问题。俗语常说："要想小儿安，三分饥和寒。"意思就是孩子偶尔饿一顿没关系，家长不要不安，更不要总用零食来满足孩子的胃口。

孩子的脾胃是容易引起消化不良的，当孩子感觉不到饥饿时，父母却害怕他饿到，一定塞点儿零食才安心，就只会加重他脾胃的负担，从而造成积食难消的情况。一个人的胃只有经常空出来，才会有消化吸收的动力，因此，家长一定要让孩子少吃零食。

想到做到零食少吃，三餐正常其实也不难，那就是给孩子一定的规律性。首先，家里的零食一定要少放一些，不然孩子会在刚有点儿饥饿感的时候，就去自然的寻找零食来补充，吃饭也就变得可有可无了。

另外，对作息时间进行规划，不管是过节还是平时，每天三餐时间固定，让孩子尽量按他需要的量来进食。到了快要吃饭的时间，再饿也不能先吃零食垫饥，这样孩子才能养成按时吃饭的习惯，他的脾胃也就能正常的进行工作了。

最后要告诉父母们，以及爷爷、奶奶还有外公、外婆，请一定要尊重孩子的胃口，不要将给东西吃当成一种疼爱。当孩子的胃内食物太满时，就会让胃消化减慢，而孩子为了能吃下那些有诱惑的好东西，又会努力地进食，这最终会造成积食，不消化，脾胃功能减退等等大问题。

总而言之，孩子的日常要有规律，零食偶尔食用无妨，但不能太多；只有胃内有足够的空间，孩子才能正常的吃饭成长。

主、副食要分清，积食不会来打扰

在很多父母的眼中，只要自己的孩子肯吃，那就完全没问题，什么是主食，什么是副食完全没有规则。喜欢吃肉就多吃肉，喜欢吃水果就只吃水果，这是完全错位的思想，对孩子的脾胃是有很大伤害的。

什么是主食？人之生存，自然以米、面为主，这些才能称为主食；而鱼、肉、菜等等虽然营养丰富，可它只能划于副食的范围之中，它们是用来辅助米饭、馒头的。如果孩子总是主食、副食颠倒，那就会造成积食，容易损伤脾胃，从而让体质变弱。

之所以如此，自然是脾胃适应食物的规则，米、面之类的主食是脾胃喜欢又易于消化的东西，而它们所含的碳水化合物等物质又是一个人所必需的，常吃不但能增强体质，还能健养脾胃功能。鱼、肉、菜等副食，脂肪、纤维、热量等等都是很高的，孩子一味将它们当作主食，就会让脾胃消化功能变得衰弱。所以良好的饮食习惯，才是养脾胃，不积食的方法。

日常当中，孩子的主食、副食可这样进行组合。

荤素搭配法则：每食餐饭不能以单纯的肉或者菜来进食，而要有高热量的以及消解它们的高纤维食物，这样吃起来才能帮助孩子肠胃蠕动，从而不积食。

饮水与水果相配合法则：水是生命的必需品，孩子不想上火就要多喝水，而水果则要选择性质温平类的苹果、橙子等。水与水果能有效分解主食，又去副食油腻，对消化起到很大的帮助。

主食要定量法则：每天吃多少主食，最好要有一个数量，它要占到一个人胃口的60%～70%，其他的才可以用副食来补充。如此进食，孩子的营养充足，消化力也能提高。

让“小胖墩儿”适当吃点儿苦

现在的孩子，似乎胖的居多，而家长也总是以胖瘦来衡量孩子健康与否，一旦发现自己孩子瘦了，就会拼命进补。这种思想是不正确的，太胖的孩子不但脾胃不好，身体的其他脏器也会受影响。只有在正常的体重之内，才是健康的标准。因此，对于那些“小胖墩儿”式的孩子们，家长可以让他们适当吃些“苦”，减去多余赘肉。

如何让自己的孩子成功减去赘肉，变成标准的体重呢？其实非常简单，就是饮食加运动。当然饮食与运动也有一定的方法，绝对不能强迫孩子硬性执行。

不过，在饮食上要多给孩子做点儿消食、化痰的东西来吃，只要体内无积滞，孩子自然就不会发胖。这里就给家长们介绍一个不错的小方子：荷叶粥。做法很简单，用新鲜的荷叶 6 克，加 50 克大米，一起煮粥。当粥煮至五成熟时，加入 3 克萝卜籽，要炒过的，这样化痰功能强大。如此，粥煮好就能食用了。如果孩子不喜欢白粥，不妨放点儿冰糖进去。一份又败火又消食、还能利水化痰的甜味粥，孩子肯定喜欢。

其次就是运动了；说起运动，它肯定不是疯玩疯闹的过程，而应该是正规的有氧运动，比如说跑步。不过跑步要以半小时以上的时间为佳，每天几分钟不会有效果。另外如果孩子实在不愿跑的话，那就带着他一起去散步，时间以一小时为宜，时间太短效果不大。这就是家长以身作则，陪着孩子运动，比强迫孩子自己去运动，效果可是好太多了。

总之，运动加饮食方，既能让孩子健康成长，又不缺失营养。如果家长能在一日三餐中再加入五谷杂粮，相信小胖墩儿很快就能回归标准

体重了。

孩子减肥可用食疗

给孩子减肥可不能像成年人一样，医生不建议用药也不建议动手术，有损孩子身体的事都不应该出现在孩子的世界里。那么如何来为肥胖的孩子减肥呢？两个字：食疗。

用食疗减肥不但不损伤孩子的机体，同时孩子接受程度强，而且效果也非常不错，可谓一举三得的好方法。而且还要告诉各位家长，食疗方做起来还不麻烦，不信的家长就马上动手试试看。

山药冬瓜粥

食材：大米 50 克，山药 50 克，冬瓜 100 克。

做法：冬瓜去皮，切成片状，薄厚不限；山药去皮切成丁状；大米和山药一起下锅，大火熬煮，煮至大米熟后，加入冬瓜片，大火继续煮，直到冬瓜酥烂，大米粥黏稠即可食用。

功效：健脾化湿，排水利尿。

清凉饮

食材：荷叶 2 克，陈皮 1 克，决明子、菊花各 1.5 克，西洋参 0.3 克。

做法：将这几味食材一起放进开水中，浸泡 10 分钟，也可直接放进清水中煮开，然后可加点儿蜂蜜进去调味，直接饮用，平时当作茶饮就可以。

功效：利水通便，行气化痰，健脾清热。

这两个方子虽然都非常简单，但效果都很好，在为孩子排除体内多

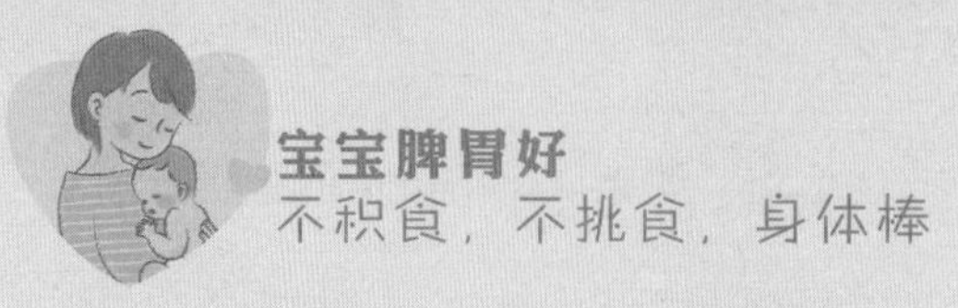

余水分、分解脂肪的同时，不知不觉就让孩子的肥胖问题得到了解决。

当然，孩子饮食上要注意，平时可多吃瘦肉、海产品、水果、蔬菜类食物，但是油炸、高糖的食品就要少食或者不食。比较适合减重的食物包括：绿豆、萝卜、白菜、薏米、山药、紫菜等，这些食物能让孩子肠胃蠕动增强，只要坚持一段时间，孩子的体重就能减轻不少。

想要孩子不积食，常吃七分饱。

几乎所有的家长都会有这样的疑问：到底怎么做孩子才会不积食呢？其实不用问医生，聪明的父母只需要经常保持孩子七分饱就可以让他不积食，同时还能养脾胃，强身体。这是因为孩子脾胃虚，吃得太饱会消化不良。倒是偶尔饿一顿，才会加强食欲，增长脾胃动力。

当然，想要不积食还要遵循几个给孩子喂食的原则。

吃饭时，要端坐。现在的孩子很多都是边吃边玩的，不仅如此，家长也乐于放下自己的碗筷，追在孩子屁股后面，喂一口让孩子跑几圈。这对脾胃是非常不好的习惯，让孩子也失去按时吃饭的认知。父母们可以想象，大人都要饭后休息，又何况是娇弱的孩子呢？

不强迫孩子进食，就不会积食。孩子不肯吃东西的时候，不要强喂，家长总以自己的感受来理解孩子的脾胃，这就等于将孩子当成了成年人来喂养，如此肯定会伤到脾胃。孩子不想吃东西的时候，不如让他饿一顿，等到下顿吃饭时，吃得会更香甜。

对于孩子的饮食，冷热一定要均匀。因为孩子总在玩、在跑，家长又会把孩子的饭晾在一边吹冷，如此再塞进孩子的嘴里就变成了冷一口热一口的状态，这样肯定会让孩子脾胃受伤。家长可以观察下，当孩子大便发青时，这就代表你喂食的食物对孩子的肠胃有损伤。

了解了以上几个方面之后，家长可以为自己总结出一个孩子不积食的进食规律。其总体的标准就是：吃少比吃多要强，吃软的总比吃硬的好。另外，冷热一定要平衡，温和的食物对孩子脾胃最理想。

婴幼儿的积食处理特效方

对开始吃辅食的孩子来说，积食是常有的事。因为这时的孩子真正娇弱到不堪一击，医生说，这时的孩子大肠只有一根葱叶那样粗，而小肠就如同一根筋一样粗细。家长们想想就能知道，在这样的消化系统刚刚成形的过程中，辅食对孩子的刺激会有多严重。因此，在喂食的时候一定要精细，同时还要时刻防积食。

不过，就算再怎么仔细，孩子还是会有积食的时候，当孩子哭闹、大便不正常时，父母就应该知道这是孩子消化出了问题，所以一定要祛积食。那么，如何给孩子祛积食呢？下面就介绍一个非常好用的特效方。

鸡内金煎水

食材：鸡内金一个，山楂 2 克，红糖适量。

做法：鸡内金放在锅内炒焦，最好是砂锅，铁锅会流失药效。然后将炒焦的鸡内金与山楂一起放进一碗清水中煎煮，要大火煮开，滤出水后再加一碗清水进去，继续煮一次。这样将两次煎出的药汁用大火熬煮至剩下半碗，将红糖加入，调开之后给孩子喂下去。

这个方子一般喝一次就能见效，如果孩子积食严重，腹泻不止，就在第二天再喝一次，基本上积食的问题就彻底解决了。

此方特别适合孩子积食之后拉肚子，或者是进食不香，不肯吃东西，它都能很好地为孩子消食化滞，引导肠胃功能正常。如果是大一些的儿童，可以将鸡内金和山楂相对加多点儿量，喂给孩子来消食也是一样有功效的。

焦三仙粥帮助孩子消食化滞

孩子消化不良，积食了，用点儿中药来调理肯定更健康。焦三仙是一个非常多见、效果又很理想的方子，所以用的人比较多。其功效主要表现在以下几个方面。

1. 解腻，增强消化功能。这是因为焦三仙药方中，山楂的特性所在，山楂可以加快肠胃蠕动功能，又因为它的酸味，对油腻有着很好的分解作用。

2. 祛积食，治泻泄腹胀。焦三仙中，有一味神曲的中药，它是入脾、入胃的甘辛之药，最能消解孩子腹内积食，对消化不良引起的肚子胀、呕吐、泻痢都有良好的治疗作用。

3. 健脾开胃，治疗食欲不强。麦芽的功效在于行气，这对脾气上升、胃气下降有着很好的辅助作用，从而增强脾胃的消化吸收。

焦三仙的煎制方法其实很简单，就是用适量的神曲、麦芽、山楂煎煮成药汁就好。但这种口感及形式对孩子都不是最好用的，有的孩子甚至会不喜欢焦三仙的味道。因此，下面就教大家一个用焦三仙做粥的法子，其功效等同，口感却比药汁好喝的多了。

食材：焦麦芽、焦山楂、焦神曲各 10 克，大米 50 克，白糖适量。

做法：先将麦芽、山楂、神曲放进砂锅中，然后加三碗清水煎煮，等到将三味药材煎成浓汁之后，把药渣滤出来，将大米放进去，再加点儿清水，然后煮粥。待粥煮好之后加入白糖，小火煨 5 分钟即可食用。

家长可将这个粥当作孩子两餐之中的点心来喂食，这不但会养孩子的脾胃，还能帮助孩子消化，而不引起积食。如果你的孩子总是嗝气，又气味不好闻，就可以在里面再加一味焦槟榔，这样做成一份四焦粥，效果会更理想。

鸡内金补充营养、调理脾胃

鸡内金是中医眼中特别补胃的中药，与此同时，还能治疗小儿积食，最能消食健脾。中医典籍中，有这样一段对鸡内金的描述："宽中健脾，消食磨胃。治小儿乳食结滞，肚大筋青，痞积疳积。"这样家长们就知道了，一味鸡内金，可以将孩子在饮食方面的不足都给调理过来。

那么鸡内金除了煎成药汁服用之外，还能怎样来烹饪呢？下面就和大家分享两个简单易操作的法子，用来给孩子消食养脾胃都非常合适。

鸡内金粥

食材：大米 50 克，鸡内金 8 克，陈皮 3 克，砂仁 2 克。

做法：将鸡内金、陈皮、砂仁放进砂锅中焙干，然后取出之后研磨成细粉。接着将大米煮成普通的白粥，在粥即将出锅时，把鸡内金、陈皮、砂仁粉撒进粥内，进行充分的搅拌，便可以直接食用了。

功效：理气和胃，消食化滞。每日一次可有效提升脾胃功能，减少消化不良。

白术内金糕

食材：面粉 300 克，鸡内金 10 克，白术 15 克，红枣 5 枚，干姜 3 克，白糖、酵母粉少许。

做法：将鸡内金、白术、干姜、红枣一起放进砂锅煎煮，大火煮开之后小火煮制 10 分钟，然后将药汁倒出凉凉。接着将酵母粉、白糖、面粉混在一起，用药汁调均匀，揉成面团。放置 15 分钟后，待面团发酵，便揉制成条状，然后切成小块，放进锅内大火蒸熟，就可以食用了。

功效：健脾养胃，帮助消化。经常食用可以治食欲不振，食后腹胀胃痛等症。

茯苓，家中不可不备的中药美食

茯苓在中药中是一种滋补性中药，通常会出现在很多美食当中。据说清朝的慈禧太后就非常爱服用茯苓，所以身体一直都特别好。其实，这都是来自于茯苓健胃消食、改善脾胃功能的作用，它可以纠正人们暴饮暴食的习惯，又能让孩子消化快、不积食。因此，这样好的东西，家长都应该备一些在家里，时常将它做进饭菜中，帮孩子来调理脾胃。

茯苓的吃法多种多样，光是市面上，就有茯苓饼、茯苓膏、茯苓粉等多种吃法，更不要说将它做成药的服用了。在这里，就告诉家长们两个用茯苓制作的美食方，用来给自己的孩子调口味、祛积食是再好不过了。

茯苓饼

食材：玉米粉 400 克，茯苓、山楂各 100 克，黄芪 30 克。

做法：将山楂和黄芪一起放进砂锅内煎成药汁，将茯苓磨成细粉，可用细筛筛制，这样口感会更好。接着将茯苓粉和玉米粉混在一起，用刚刚煎好的药汁调和成糊状，不要太厚，不然不好做。然后加热平底锅，舀一勺糊放进锅内，任其自由铺开，不用动它，直到底部变得金黄，上面完全成熟，就能食用了。

功效：改善脾胃功能，增强体质，一日吃一个就好，不可过量。

茯苓陈皮姜汁茶

食材：茯苓 25 克，陈皮 5 克，姜汁 2 克，蜂蜜 10 克。

做法：将茯苓和陈皮放进清水中煮制成汁，然后趁热加进姜汁，放置一会儿，将蜂蜜加入，调和均匀便可饮用。

功效：健脾强胃，助消化，可经常服用，如果胃热，可将姜汁去掉饮用。

秘方八珍糕，调脾胃、祛积食

秘方八珍糕是从古沿用至今的一味美食，它的作用很强大，不但可以调理脾胃虚弱，还能祛积食，强体质。据记载，这个食疗方来自于旧时宫廷，也就是说皇家用这个方子来调理脾胃，长寿的乾隆皇帝就最喜欢吃八珍糕。家长也不妨做给自己孩子吃，在调动孩子胃口的同时，更有效地为孩子进行调养，一举两得。

虽然说八珍糕的制作方法并不复杂，但用到的材料相对要多一些，这也符合了皇家细致高贵的风范。下面就将制作步骤一一写下来，供大家参考。

食材：芡实、白扁豆、白术、太子参各 3 克，茯苓、山药、薏仁、莲子肉各 9 克，白糖 20 克，糯米粉 50 克。

做法：将以上食材（除白糖和糯米粉）仔细磨成细粉，可用筛子进行筛制，然后与糯米粉、白糖调制在一起，然后揉成面团，蒸成糕点即可食用。

以上几样食材都是一份的量，如果要多做一些的话，就可按此多加几份的量，然后做成糕点，每日给孩子食用。

八珍糕里的中药多为补脾的，对脾虚有很好的帮助，而薏米、扁豆等物则能很好地祛湿气。如果孩子脾阴不足，这味八珍糕中可少放点儿补脾阳的食材；而脾阳不足时，就少放些祛湿的食物。不管多好的东西，如果不能对症服用，对身体都不会有好处。所以，家长们要关心孩子，就得多方面考虑。

山楂可以缓解孩子积食

山楂的药性中消食成分最重，而且其酸味又能去油腻，在孩子积食

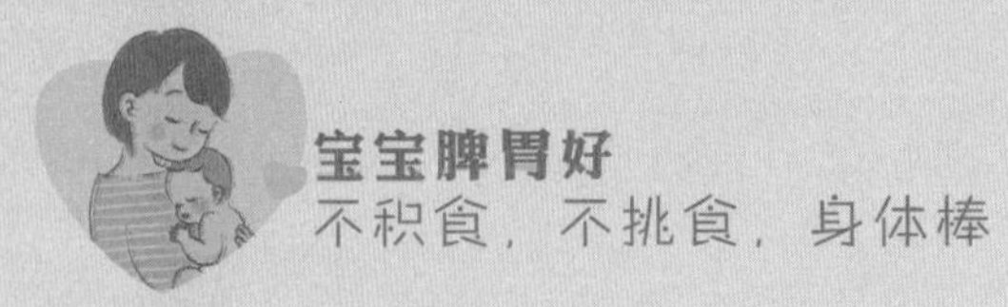

时，用山楂来消食祛积是最好的。所以，家长如果可以在平时为孩子做点儿含有山楂的饮食来吃，就会起到很好的作用。不过山楂吃的对症可以消食化滞，吃不对也有可能引起伤胃的大问题，家长在运用时，要仔细对待。下面为大家介绍两个山楂的食用方法。

山楂饮

食材：山楂片 10 克，大枣 5 枚，蜂蜜适量。

做法：将山楂放进砂锅焙制焦黄，大枣也可进行炒制，待表面呈深红色即可。然后将山楂片和大枣一起放进清水中大火煎煮，煎煮好之后，在水中加入蜂蜜，直接饮用。这种茶饮每日可喝 2 ～ 3 次，连服两天就能缓解积食引起的不适。

山楂梨丝

食材：鲜山楂 100 克，雪梨 300 克，白糖少许。

做法：将山楂去核，清洗干净；雪梨去皮和核，切成细丝。然后将白糖放进锅内，加适量清水熬制，直到白糖融开，能拔起丝时，放进山楂，多翻动几下，然后加入梨丝混合在一起，便可以食用了。这味甜品对食积不化、胃中积热效果最好，每天吃一次即可。

以上两个食疗方虽然都是祛积食，但吃法上却完全不同，一个是焦山楂，一个是鲜山楂，口感多变，孩子更加喜欢。但山楂最大的功效就在于治疗脾胃津液不足引起的积食，家长在给孩子食用时，最好是对孩子的积食有一个辨识，如果孩子是胃酸过多、消化不良，则要改用其他方法来应对。

孩子积食、咳嗽怎么办

家长都知道，积食之后的孩子容易脾肺虚弱，咳嗽，而且咳嗽起来没完没了。对于这样的问题，家长可能不知道，自己在家用食疗方来治疗，效果会非常好。妈妈们是不是心动了呢？现在就告诉大家几个见效快又好用的小方子，快点儿一起来学习吧。

水晶核桃仁

食材：核桃仁 200 克，柿饼霜 200 克。

做法：将核桃仁放在碗内，然后隔水蒸制，等到熟透之后取出，让其自然冷却，这时可将柿饼霜倒进去，再次大火蒸制。直到柿饼霜完全融开，就可出锅了。凉凉之后，直接食用即可。

功效：补肺气，清燥热，止咳效果非常好；最适合肺气不足引起的咳嗽。

萝卜川贝散

食材：白萝卜 200 克，川贝 5 克，麦芽糖适量。

做法：白萝卜去皮，然后切成薄片，放在一个碗里，将川贝放在萝卜表面，然后隔水炖煮。时间一定要长，以一小时为宜，然后放进麦芽糖，小火再炖 10 分钟，即可食用。分成两份，一天服下。

功效：补脾气，止咳嗽，化痰利膈；最适合有痰咳不出的症状。

蜂蜜蒸百合

食材：百合 100 克，银耳 20 克，蜂蜜适量。

做法：百合洗净，银耳充分泡开，然后将百合与银耳放在一个小盅内，隔水蒸制。时间为一小时，直到银耳软糯，百合酥绵；然后浇上蜂蜜，小火煨制 5 分钟便可趁热吃下。

功效：润燥清热，止咳祛烦，最适合脾虚、咽喉干痛引起的咳嗽。

积食内热自有消火方

积食引起内热，这时孩子完全失去进食的欲望。不仅如此，还会有上火、口舌生疮、溃疡、烦躁等等症状。面对这样的问题，家长们应该怎么办呢？肯定很多家长会用药物来帮孩子祛火，如果真是这样，那孩子的脾胃可就更吃不消了。与其吃药，妈妈不如做份专门祛积食又消火的美食给孩子，效果可比用药强多了。

竹如茅根绿豆粥

食材：白茅根 15 克，淡竹如 10 克，干山楂 5 克，绿豆 80 克。

做法：将绿豆浸泡半小时，然后放进适量清水中；淡竹如与白茅根、干山楂包在纱布里，与绿豆一起大火煮开。然后小火煮 20 分钟之后，将中药包取出，再继续煮绿豆，直到绿豆完全酥绵可口就能食用了。

功效：这份简单的粥不但祛火退热的功效强大，而且有健脾开胃的功能，孩子每天喝一碗，可有效清除内热，化解积食。

陈皮黄瓜

食材：陈皮 3 克，黄瓜 200 克，白糖、食醋、麻油各适量。

做法：将黄瓜洗净，切成滚刀块，也可拍一下，直接切小块备用；将陈皮稍做清洗，然后切成细丝，放在黄瓜里，加两小匙白糖、一小匙食醋，搅拌均匀，然后倒入麻油即可食用。

功效：这个凉菜气味芬芳，去热开胃，而且更兼化积食的效果，适合孩子夏天提升食欲、祛积食所用。

吃对水果也能祛积食

水果是每个人都不可或缺的营养来源之一，对于孩子来说，如果水果吃得正确，那就不会积食，而且就算积食了，妈妈们只要选对水果，也能将积食祛掉。这样说是因为水果有着其他食物没有的属性，自然所起的作用也就各不同了。

脾胃虚寒

有些孩子吃不进东西，而且腹部胀满，四肢又发凉，甚至会拉肚子，这就是脾胃虚寒、消化不良引起的积食。这时孩子不适合吃香蕉类的寒性水果，家长可以用樱桃、桂圆、杨梅做成一份水果羹。做法很简单，先将桂圆放进水中煮开，加入一点儿冰糖，然后将樱桃、杨梅去核放进去，水开就可以食用了。这样既保持了水果的口感，又能补益脾胃。另外，对于脾胃虚寒、积食不化的孩子来说，橘子、桃、椰子等都是很合适的水果。

胃热上火

一般积食的孩子容易产生热症，这就会表现为口渴、咽喉疼痛、便秘等。这时家长就要给孩子进食梨、西瓜、柚子之类的水果了。妈妈们可以用枇杷、猕猴桃、蜂蜜做成一份酸甜可口的消食去热果汁。孩子喝了不仅喜欢，而且小小的积食上火很快也就解决了。

因此，家长们应该记住这样一个原则：含维生素 C 多的水果，对于消化是有好处的，而温性水果则能保养脾胃。至于寒凉的水果，平时尽量要少吃，最好是有相关的病症时再食用，那效果就事半功倍了。

祛积食一用就灵的方法

有的孩子积食日久，所以治疗起来会很麻烦。而家长又总是抱怨用的药、食疗方等看不到效果，那怎么办呢？不用急，这里还有一个非常好用的方法，可以说百试不爽。只不过，这对家长可能有些为难，因为它需要用针来挑孩子的四缝穴。如果你自己认为做不到，就可以求教于医生。

其实，这个方法一点儿都不难，对于家里的老人来说，是很常见的一个方法了。中医对这个方法也比较推崇。下面我就将挑四缝穴的方法告诉家长们，让大家都对它有一个了解。

所谓挑四缝穴，就是用针来刺破这个穴位。而四缝穴在手掌食指、中指、无名指、小指的第一、第二关节处，这里只要轻轻一刺就可以了。不过刺的时候，要做足准备工作：先准备一根针，可以是专业的三棱针，也可以是缝衣针，用 75% 的酒精浸泡半小时，为它充分消毒，如果没有酒精，就放进沸水中煮 20 分钟也是一样的。

针准备好之后，用碘酊来为孩子的四缝穴擦拭。等到碘酊干了时，再用酒精棉再为孩子的四缝穴进行消毒处理，保证手指四周都擦到，这样才更安全。

然后，家长可以取针来挑四缝穴了，轻轻挑破之后，要记得用手指挤压四缝穴周围，这样就会看到淡黄色的液体随着拔出来的针眼渗出来（有的会是比较清的液体），这时家长不要松手，要让液体都流出来，直到看见血时，用酒精棉擦拭即可。如此左右手八个手指都挑一下，让孩子握拳止血即可。

这个方法虽然感觉有些疼痛，但很好用，一般一次就能产生效果。对于特别严重的积食孩子，家长完全可以隔三天再挑一次，这样直到孩子的四缝穴没有黏黄的液体渗出为止，积食也就完全消除了。

简单验方也能轻松去疳积

家长们总有这样的困惑，孩子积食一旦形成，自己处理起来就难了。真的是这样吗？那倒未必。如果我们所知道的祛积食方法不奏效，那么家长可以试试中医验方。当然，用的前提是要容易操作又确保孩子安全；这就需要家长们综合自己的实力来进行。不过，我倒是可以告诉大家们几个好用的小验方，不但有效果，而且能与饮食相搭配，这可都是妈妈们智慧的结晶。

生冷过度引起的积食

去药房买一些白蔻，取 3 克泡在开水中，最好是能让它保持温度，如果放在保温杯里就最理想了。浸泡 20 分钟，待药效发挥出来之后，凉温给孩子饮用，当茶水喝就行。这个方法虽然简单，但对因为吃生冷食物太多而引起的脾胃不振非常有效果。

肉食过量引起的积食

孩子爱吃肉是事实，可他们脾胃功能弱，容易消化不了。如此，积食的症状就更明显些。遇到这样的问题，家长不用发愁，连中药都不用买了。去郊外找一把稻草，最好是晒干的，取大概 20 克的量，用清水洗一下，然后放 500 毫升清水煎煮。将煎出来的汤水给孩子喝下，一天 3 次，可快速去积食。

主食过多引起的积食

有的孩子胃口好，所以贪吃一些，但这样容易引起消化不良，从而积食。这时家长就可以去药房买一点儿莱菔子回来，也就是我们常说的萝卜籽。然后取 12 克萝卜籽，用钝器捣烂，加入 200 毫升清水煎煮，凉一下给孩子喝即可。一天一次，过几天孩子的胃口便又恢复了。

第四章 让孩子养成良好的进食习惯

让孩子从小学会自己动手吃饭

对孩子来说，最早表现为独立的行为就应该算是自己动手吃饭了，这种行为不但让他有了初步的独立心理，也让他开始对自己的口味与身体进行关注。所以，聪明的家长应该有这样的意识，从小让他学会自己动手，去夹自己喜欢的食物，去全心全意进食。

不过，孩子第一次动手吃饭难免会有不尽如人意的地方，这时家长们所要做的，除了包容还有什么呢？

想让孩子自己动手，肯定少不了家长的多加鼓励。孩子自己第一次自己动手，肯定不会像成年人一样干净利落，不管是弄脏了衣服还是弄乱了餐桌，家长都应该给予他更多的鼓励。如果家长脾气急躁，粗鲁地对孩子加以制止，就可能会让孩子留下不自信的阴影。

父母在引导孩子时，应该让他掌握其中的技巧。家长在帮助孩子夹食物的时候，不要着急用手去帮他握着，而是应该让他看自己拿筷子、勺子等餐具的方法，将其中的方法要点告诉他，从而让孩子产生学习的好奇心理，更快掌握方法。

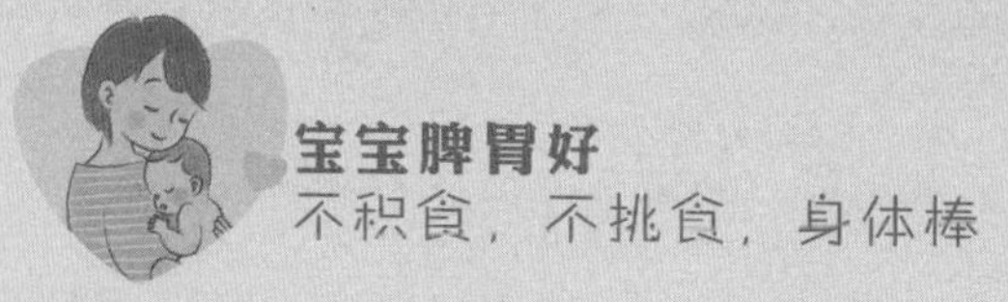

如果能增加趣味，分散孩子的焦虑，那孩子动起手来会更有效率。很多孩子掌握不了餐具的时候，往往会丧失耐心，转而用手或者哭闹。家长不妨为孩子编几个小故事，讲解使用餐具的用途。哪怕孩子用手吃饭，也不要笑他，这样孩子才会慢慢成长，不焦虑、不紧张。

家长们应该明白，不仅是吃饭，日常中一个孩子要学习的所有问题都是如此，家长只有给孩子独立发展，成长的机会，孩子才能尽快从中找到正确的方法。如果家长总是不相信孩子能行，那就会让他失去学习独立的机会。

纠正孩子狼吞虎咽的坏习惯

孩子小，正是调养脾胃的时候，但很多孩子偏有吃饭方法不正确的习惯，经常用狼吞虎咽的粗暴方式进食，这样不但容易让食物呛入气管，还会造成营养的失衡，令孩子脾胃更加不调和。这是因为食物在孩子嘴里不能充分被咀嚼就吞入胃内，大块食物既不利于消化，又会增加脾胃负担，时间长了，就会影响到孩子的身体健康。

孩子饿了就会大口吞食食物，面对孩子狼吞虎咽的吃饭方式时，家长可以为孩子制定一个进食的固定时间。这样他才能从身体的需求上适应进食习惯。

在给孩子喂食物的时候，家长不要总给孩子混合饭菜。这是家长为了方便，习惯将孩子的饭、菜、汤等放在一起喂食，这就让孩子产生大口吞咽的诱引。如果将这些饭、菜等食物分开来放，让孩子吃饭的同时再用菜调味，他就能吃得慢一些，从而减速进食。

还有的家长鼓励孩子一边玩一边吃饭，其实，孩子吃饭时最怕分心，这样他总想着快点儿吃完饭去玩，那就会不知不觉地快速进食。家长应该为他营造一个轻松、安静的吃饭环境，这样孩子才能有心思慢慢咀嚼，

享受饭菜的香味。

与其让孩子拒食，不如每餐减少饭量，这样会更有利于孩子进食。家长为孩子准备餐食时，不要一次准备太多，这样会给孩子压迫感，他就会大口快速进食。如果可以少准备一些，他会吃得更认真。但饭量减少，却要增加用餐次数，这样才能补充孩子的营养所需。

对于孩子来说，家长给他怎么样的培养，他就会长成什么样的人，吃饭也是如此。因此，家长不但要给孩子独立进食的机会，更要给他正确进食的方法。让他从小呵护自己的脾胃，从而保证身体的强壮。

水果要在两顿饭之间吃

所有人都知道，孩子不但要吃主食也要吃副食，水果更要吃到位，只有这样，孩子才能长得强壮、结实。可是家长们都有疑惑，对于孩子来说，水果安排在什么时间吃最好呢？我们不妨来看看不同的时间进食水果对孩子脾胃的影响，这样才能知道在什么时间进食水果最有益于身心。

餐前吃水果。吃饭之前进食水果是不利的，这是因为没有进餐，腹内空虚，而水果又含有大量的果酸，这就让胃更加受刺激。另外，水果含有充分的单宁元素，这种元素如果与胃酸结合，就容易产生结石。由此可见，餐前吃水果对孩子娇弱的脾胃是很不好的，家长应该避免在孩子饥饿的时候，用水果来给他充饥。

饭后吃水果。既然饭前空腹不适宜食用水果，那饭后总可以吧？相信很多家长都是这样认为的。其实也不正确，因为孩子进食之后，胃内食物饱胀，胃正在努力消化之中。如果这时吃水果，就会让胃的动力减弱。孩子往往会因此肚子胀、肚子疼。而且这样吃的时间久了，造成积食就势在难免了。

两餐之间吃水果。如果在饭后两小时左右进食水果，那就非常有利于孩子的身体了。因为食物已经消化掉一大部分，而水果中的果酸又可以促进剩余食物的消化。这时离下一餐饭还有一段时间，吃下水果的同时，就减少了身体的虚亏。

由此可见，孩子在两餐之间进食水果，绝对是最好的。不过，家长们不可因为这个时间适合孩子吃水果，就大量给孩子进食，所有的食物还是要按照不过量、不贪吃的原则，为孩子的身体打造一个平和安全的过程。

口腔习惯良好，牙齿才能健康

孩子牙齿好不好，取决于他的口腔习惯。如果家长能让孩子从小就保持一个正确的口腔卫生习惯，就能让孩子拥有健康的牙齿。不过，良好的口腔习惯是需要培养的，家长们是不是已经掌握了让孩子养成良好的口腔习惯的方法了呢？

说起来方法上没有多困难，就是细碎的事情比较多，家长们还要多加用心才行。不过，有几个利于口腔习惯的方法，还是要和大家分享。

相信家长们都有这样的习惯，给孩子吸奶嘴。吸奶嘴真的不是好习惯，它的坏处就在于会对孩子上下牙齿咬合产生影响，比如长大之后龅牙，这都是奶嘴惹的祸。家长应该及时为孩子戒除吸奶嘴的习惯，但一定要温和，以免让孩子失去安全感。家长完全可以通过睡前陪伴、讲小故事的方法来安抚孩子的情绪，这样就可以更完美地戒掉他吸奶嘴的习惯了。

不少家长会纠结孩子要不要注意口腔卫生，答案是肯定的。孩子在乳牙刚刚长出的时候，家长就要养成给孩子擦洗乳牙的习惯，此时不必用牙膏，只需用干净的纱布缠在手指上，轻轻地为孩子擦一下就可以。

但要每天坚持，甚至一天两次，这样孩子会更习惯以后刷牙的生活。

对牙齿已经长全的孩子，一定要教他刷牙。当孩子牙齿完全长出来之后，父母应该亲自为孩子刷牙齿，这时要加上牙膏，甚至是教孩子亲自刷牙，这样就慢慢养成了他刷牙的习惯。

偶尔，孩子会有咬唇的习惯。这是因为孩子的牙齿上下之间排列得并不整齐，他会自然地去咬唇遮挡。这时家长一定要帮助孩子纠正这个习惯，不然就有可能造成孩子牙齿不齐、唇部溃裂的问题。

简单地讲，孩子的口腔习惯是不是良好，主要取决于家长。一切从小做起，就不会给孩子留下牙齿健康的隐患了。

不要用玩具作为吸引，让孩子专心吃饭

很多家长习惯在孩子不肯专心吃饭的时候，拿一个玩具给他，让他一边玩耍，一边吃饭。这样虽然孩子把食物吃下去了，可对他的胃口却并没有好处。这是因为孩子在玩的时候，吃饭会分心，然后对入口的食物没有选择性的咀嚼就吞咽。这样不但容易养成孩子狼吞虎咽的进食方式，而且还不利于孩子的消化吸收。仅仅是吃下去，对孩子并没多少益处。

可孩子天生好动，家长应该如何来帮孩子专心进食呢？家长最正确的喂食方法应该是让孩子把注意力集中在饭菜上。吃饭的时候，家长最好让孩子注意到自己当前主要的事情，一般来说，让他亲自参与会是最好的方法。家长们不要总是自己拿着小勺子或者筷子，一口一口地喂给孩子，适时将勺子交到孩子的手里，他就会增加吃饭的兴趣，这样就能全身心地投入到饭菜当中。

与此同时，就餐的气氛要保持轻松。在吃饭的过程中，家长最应该做的就是坐在饭桌前，谈论饭菜的香味与口感，从而给孩子一个榜样的力量。如果家长们总在吃饭的时候谈论自己的工作，看电视甚至是玩手

机，那孩子自然也就要寻找让他关注的事情了。轻松愉悦的就餐气氛，可以在心理上为孩子奠定规则的基础。

还有一点，家长如果能让餐桌上多点儿花样，对孩子进食肯定更有帮助。妈妈们不如尽心多准备几样食物，再将它们装在不同的餐器中，利用款式、花色以及餐具的新奇来吸引孩子，甚至将吃饭当成一场游戏，从而刺激他的食欲。

一般情况下，这些方法都很好用。当然，如果你家的孩子有自己的小个性，那么妈妈就要多费点儿心思，去挖掘自己孩子关注的点，从中引申，然后让他认真去吃饭。这样时间长了，孩子也就养成全心全意进食的好习惯了。

零食可以吃，但要以正餐为主

我们说零食对孩子身体的发育成长并没多少好处，但这并不代表孩子就要坚决杜绝零食。这不符合孩子成长乐趣的需求，也有些矫枉过正的嫌疑。既然如此，就关系到孩子如何正确吃零食的问题了。孩子到底要怎么吃零食，才能真正有乐趣，又能健康成长呢？

首先应该让孩子知道，零食在他的世界里永远是配角，它可以出现在孩子百无聊赖的时候，也可以是完成了某项有“成就”的事情之后的小奖励。这时孩子会因为偶尔得到的零食雀跃不已，同时也会养成他“零食是不易得的东西，要珍惜着食用”的心理。

帮孩子减少零食，家长的做法不能忽视。因为家长往往会在选购零食时，以大包装袋，有买有送的来选购，认为这样的购买方式更经济。但这却让孩子的脾胃受到了伤害，恐怕你省下的那点儿钱与孩子的健康远远不能成正比。所以，购买零食不要怕麻烦，一次不要买太多，尽量买小包装袋，家里也不存零食，这才是纠正孩子少吃零食的最好方法。

还有一点要注意，饭前两小时绝对不能给他吃零食。这也就是说，零食在孩子的生活中，绝对不能与主食发生冲突。而且家长一定要让孩子意识到，吃饭是最重要的，零食只能在合适的时间来食用。如此不但养成了他按时吃饭的好习惯，还让他对规则有了一定的掌握。

因此，家长在想要给孩子尝试主食之外的东西时，都应该按以上的原则来进行。零食可以吃，但它不能取代正餐，只有吃饭才是最重要的。当家长有了这样的标准之后，孩子也就自然慢慢随着你的想法去成长了。

夏天不能让孩子喝太多冷饮

对孩子来说，在炎热的夏天里，再没什么东西比冷饮来得更合口了，甜甜的，冰冰的，吃下去凉爽爽的。可是，冷饮吃得太多，不但影响正餐，还会造成脾胃的不适。因为不管是冰淇淋还是雪糕之类，都不过是糖与奶甚至是添加剂的合成。其营养成分很少，却不易于消化。这样的食物更会刺激肠胃消化液的分泌，减少孩子食欲。与此同时，孩子还会因为胃酸和消化酶分泌不足而产生肠道细菌感染，于是出腹泻、发热等症状。

因此，给孩子吃冷饮，一定要有时，有节，针对孩子的身体来进食。比如，不应该在空腹的情况下吃冷饮。这时孩子的肠胃空虚，自然抵抗力也就薄弱，在这样的情况下吃冷饮，会引起孩子肚子疼、肠鸣以及减退食欲等症状。

饭后也不宜立刻食用冷饮，刚刚吃过饭，胃内食物急待胃酸的分泌来消化。而过多的冷饮则减少胃酸分泌，使消化系统受到影响，进而导致肠内细菌滋长，于是腹泻、肠炎等问题也就出现了。

至于吃冷饮的量，一次不应超过 150 毫升。一盒冰淇淋太多，哪怕一块雪砖对孩子也太大，一次吃完肯定会让孩子胃黏膜血管收缩加剧，这就会减弱肠胃的蠕动与消化。因次，适当的量对孩子的肠胃很重要。

根据医学常识，我们可以确定，正确的吃冷饮时间是在饭后两小时左右。晚上不应该让孩子吃冷饮，孩子刚刚睡醒时也不要吃冷饮。夏天，以饭后两小时左右的时间最为合适；一定要记得小口慢吃。

还要提醒家长的就是，孩子如果本来心脏就不好，冷饮还要减少量，甚至是做到不吃。对于体弱的孩子，也是如此。

口味强烈的食物会刺激孩子的脾胃

孩子的脾胃经不起刺激，特别是在他们开始进食不久，对于味道还有着很多的探索和发现。这时如果家长总用口味过于强烈的食物来喂食孩子，那就会为会孩子脾胃的健康留下隐患。因为孩子脾胃正是呵护、调养时期，太重口味的食物容易让它不耐受。这样一直持续或者加重口味，就会慢慢造成脾胃刺激的加重，从而最终受损。

如何正确地帮孩子树立口味的概念？家长应该要把握以下几个方面，从而让孩子顺利地养成良好的口味标准。

孩子的饭菜，以口味清淡为主。这就要求家长在烧菜、做饭的时候，有节制地添加辣椒、大蒜、食盐等食物。不可太辣，也不能太咸、太甜。孩子对口味是一个慢慢习惯的过程，如果家人总是吃太辣、太咸的食物，孩子就会慢慢适应它，并以清淡食物无味为由拒食、挑食。

孩子的食材，应该多选择甘平之物。这里的甘并非糖类，因此，家长在做菜时不可过分浓油赤酱。所谓“甘”就是有回甜、性质平和的食物，比如大米、玉米等。家长可以多给孩子吃南瓜、地瓜类食物，这些东西越慢嚼越有甜味，会让孩子养成细嚼慢咽的好习惯。

有时，家长为了增加饭菜的香味，总要添加很多调味料，这也是不正确的做法。家里烧菜不要像在外面吃饭那样，多放各种调味料只会给孩子的嗅觉、口味带来影响。而且那些鸡精、花椒、香料等调味品，都是刺激又重口味的产物。这些吃的多了，孩子就会朝着越来越重的口味发展，从而养成浓重口感。

其实，家长们都知道，孩子最初吃母乳的时候，是不会要求什么口味的，只是后来开始了辅食，他们从一点儿菜汤，一粒米饭中，慢慢累积对口味的要求。如果家长放任他吃的与成人一样，重糖、重油、重咸，那么孩子的脾胃就要受到影响了。

定时、定量进餐，让孩子专心进食

孩子吃饭是一件麻烦事，不但要专人负责而且还要有一定的量与时间观念，因为这些都关系到孩子脾胃的健康问题。不按时进食，吃食不定量，在很大程度上会让孩子脾胃功能发展不完全。同时，也因此让孩子体质变得衰弱，相信这不是家长们希望看到的结果。

那如何让孩子定时、定量地来进餐呢？家长应该注意到时间，规定进食的时间，可以养成孩子专心进食的好习惯。如果孩子的进食有一个明确的时间，这样孩子的脾胃就如同一个生物钟，循着进食习惯进行工作运化。而孩子也会在该吃饭的时候，产生进食条件反射，感受到肠胃的饥饿。

想让孩子有好习惯，就不要太宠他。给他的食物进行定量是让他专心吃饭的有效方法。一般来说，孩子进食是少食多餐制，因此，每天可以安排4～5次。但不管一天几次，他每次所进食的量应该是有标准的。不能因为今天孩子爱吃就多喂一些，明天不想吃就不给喂。这会让孩子的肠胃功能发生紊乱，从而影响孩子的食欲。

当然，孩子有好奇心，会不安静，这就会在吃饭时容易分心。家长应该养成按时喂食、不让孩子等待时间过长的标准行为。而如果孩子不肯吃，就不要强迫，但过了时间坚决不再喂给他吃。这样他就会意识到吃饭的时候不吃，就会被饿到。如此才能慢慢形成专心用餐的习惯，营养的吸收也就更加充分了。

不过，无论是食量还是时间，都是孩子慢慢适应的过程，家长在为孩子定制这样的规则时，不要期待一次就能改变孩子。只有逐步进行调整，孩子的进食习惯才能进入正轨。父母们就放下急躁，努力加油吧。

别总给孩子吃稀奇古怪的东西

孩子的世界是相对简单的，他出生的时候只有睡觉和吃奶。但慢慢地他学会了认人、吃东西，形成了自己的喜好，这些不能不说是家长培养的结果。但这也告诉家长一个事实，那就是你给孩子什么样的提示，他就会朝着什么样的方向发展。当家长埋怨自己的孩子挑食时，你是不是想过自己为孩子带来了什么影响呢？

哪些东西对孩子的成长无益，哪些食物又是可以不出现在孩子生活当中的，家长们想过这些吗？想要让自己的孩子好好吃饭，健康长大，有些事是绝对不能做的。

1. 食物越来越高级。有的家长总认为食物越高级就越好，所以习惯用进口的、高端的食物来给孩子吊胃口。这是利用了孩子好奇心强的心理，所以让孩子没有抵抗力地吃下去。可这样的结果就是，孩子变得越来越挑食。

2. 零食花样越来越多。走进超市，不要说孩子，家长都会感觉眼花。零食太多，父母便想将这些孩子没吃过的，没看到过的都搬到他眼前来。可这样的后果呢？零食吃得太多，正餐受到影响。零食不宜消化，脾胃不适。消化不良，带来孩子营养的缺失。花样零食就如同一张多米诺骨牌，一旦起动，孩子积食的问题也就发生了。

3. 保健品大行其道。家长为了让孩子营养全面，这种钙片，那种锌剂，源源不断地送到孩子面前。对孩子来说，这些营养只要是甜的，只要是自己喜欢的水果口味，那就能吃下去。他不会分辨保健品中是不是有各种色素、添加剂、果胶等不利于脾胃的东西，从而损伤了脾胃。

因此，如果家长想要让孩子健康、正常地成长，就不要用各类奇特的食物、零食、营养品来刺激孩子的脾胃。否则，那就是害而不是爱了。

吃太多甜食，不利于孩子发育

大部分孩子都嗜甜，对于食物中的甜味格外敏感，所以家长总会用不同的甜味来诱导孩子进食。其实，这并不是聪明的做法，儿童专家就说过："过度摄入甜食，体内血糖会持续保持高水平，令热量增加，从而抑制中枢神经对饥饿信号的感知。"可见，经常大量吃甜食，关系到的是孩子健康成长与发育问题。

过食甜食的孩子，最常见的危害便是蛀牙。当糖分长时间地停留在孩子的牙齿缝隙时，口腔里的细菌就会产生化学反应，变成酸性来腐蚀牙齿。而牙齿表面的珐琅质在受到酸腐物质的侵蚀之后，慢慢引发蛀牙。同时，甜食过多会让身体的钙质流失，这样牙齿的质地也就产生了弱化。所以，过多食用甜食的孩子会牙齿不好，易松动、易脱落、易磨损。另外，营养学家还认为，孩子食用甜食过量，是容易骨折的一大主要原因。

甜食除了破坏发牙齿、骨骼的发育成长，还对视力有着直接影响。过食甜食会造成血液中钙含量少的事实，而血钙偏低又成为近视眼的一大主因。因为孩子处于发育阶段时，缺钙会令神经肌肉兴奋性增高。此时眼外肌长时间处于高度紧张状态，迫使眼球壁软化，变形，角膜、视网膜距离拉长，于是便出现了近视。

还有最主要的一点，食用甜食过量，会让孩子体内糖分过多，难以消化吸收，于是肝脏将糖转化为脂肪。慢慢时间长了，孩子会虚胖，代谢功能下降，直至脾胃功能受损。这样孩子的整个脏腑发育就都受到了直接的影响。

由此可见，过量的甜食并不会幸福孩子的童年，反而会让他的发育成长受到伤害。所以家长必须控制孩子对糖分的摄入，绝对不能超过每日 40 克的量，这样才会让甜食真正成为孩子甜蜜的生活元素，而不是成长的绊脚石。

想要孩子健康，喝水也有讲究

有很多的家长认为只要吃得好，就完全可以帮助孩子成长。殊不知，对于孩子来说，一食一饮无不为大事。如果只是吃的正确，但却饮水有错，也会直接影响孩子的生长和发育。那怎么喝水，喝什么样的水才是对孩子最健康的呢？家长们可要用心学习啦。

1 岁以下的孩子，新陈代谢的速度非常快，对水分的需求会很大。但是，1 岁以下的孩子进食多以流质物为主，因此，水分的量相对充足。这时父母只需少量给孩子喂水就好，一天可保持在 3 次左右，每次 20 毫升即可，太多的水会对孩子虚弱的肾脏造成负担。随着孩子慢慢长大，饮水的量也开始增加，过了 1 岁之后，孩子每天就应该吸收 500 毫升以上的水分，才能满足身体所需。

孩子除了有正常的饮水量之外，所喝的水也要格外注意。孩子喜欢喝带甜味的水，妈妈们要有所注意，不管孩子多挑剔，高浓度的糖水也不适合给孩子喝。有的家长会发现，开始给孩子喝稍甜的水，可以促进孩子肠道的蠕动，所以就特意给孩子的水里加糖。但家长们不知道，糖分虽然能活跃胃肠黏膜，但当孩子的肠胃中糖分增多之后，就会造成腹胀，从而消化不良，这会为日后的积食埋下不小的隐患。

还有一些家长认为，水质对孩子很重要，所以会特意选择级别高的矿泉水、纯净水之类。这也是不正确的方法，纯净水大家都知道，会因为缺少矿物质而造成孩子营养元素的缺失。但单纯的矿泉水同样不理想，矿泉水含有丰富的金属元素，对孩子娇嫩的肾脏是极大的负担，长期饮用会损伤孩子的脏器。

其实，对孩子来说，最好、最健康的还是白开水。这种水质适合孩子身体，营养价值又高，不含任何添加剂，只要保证适量饮用就可以了。

注意饮食卫生，小心病从口入

家长们都有这样的感受，自己在饮食上已经格外小心注意了，怎么还会经常造成孩子腹胀、腹痛、拉肚子等毛病呢？说起来恐怕大家不相信，这些小毛病多是从常见饮食卫生方面造成的。因此，想要保证孩子的健康，家长们还得多从最容易忽略的问题上来考虑孩子的饮食安全，以免病从口入。

喂养方法占常见错误的第一条。在给 1 岁以下的孩子喂辅食的时候，家长最要注意的就是千万不要用嘴为孩子试温度或者直接用嘴来喂孩子食物。大人的口腔中有很多我们看不到的细菌，它虽然不会对大人的身体造成危害，但孩子身体弱，脏腑虚，抵抗力自然没有那么强，所以病菌乘虚而入，自然致使孩子生病。拒绝口腔接触，才是回避交叉感染的最好方法。

勤洗手是老话题，但家长要分清，不只是自己勤洗手，当孩子吃饭的时候，一定要让他注意手上的卫生才对。不管孩子是不是动手接触食物，吃饭前先洗手，用肥皂充分清理双手，这才是避免孩子肠胃受伤害重要源头。同时，吃饭的时候，一定要注意温度合适，太冷了、太烫了，都会让孩子肠胃不适，同样会引发肠胃疾病。

说到吃饭就不能不提餐具，这绝对是饮食卫生中的重要环节。通常孩子的餐具选择很多，也正是因为如此，各种材质、各种颜色都包含其中。家长在给孩子选择餐具的时候，一定要选择安全无毒素的材质。其次颜色不要过于炫丽，买回之后着重清洗、消毒，饭前、饭后都尽量用开水冲洗。而且选择耐高温的餐具，定期进行高温消毒，非常有必要。

最后还要告诉家长们，尽量少给孩子喝冰水，这对孩子的肠胃刺激太大，同样会引起不必要的伤害。如果是喝开水，也一定要烧开，不经煮沸的水入口就容易造成肠道传染病，从而给孩子制造了病从口入的方便机会。

早餐、午餐要吃好，晚餐要吃少

我们大家都知道的一句饮食俗语就是：早饭要吃好，中饭要吃饱，晚饭要吃少。但是，根据现代的科学喂养孩子习惯，这句俗语就要改动一下。因为孩子的脾胃弱，而需求多，加之处于生长发育的关键时期，所以孩子的早餐、午餐都应该吃好、吃饱，晚餐才要少吃一些。那么如何衡量孩子早、中餐的吃好、吃饱呢？这里面可有一定的学问。

科学营养的早餐应该是有谷物、有脂肪、有维生素的全面组合。也就是说，孩子的早饭不能是单一的馒头、面包，而应该包含麦片、馒头、粥等谷物类的丰富食材。当然，对于孩子来说，乳制品不可少，牛奶、乳酪类的食材也要每天都有。其次，维生素不可少，但千万不要以药剂等方式来取代，新鲜的水果是早餐中不可缺少的内容。如此，一顿科学营养的好早餐应该是：牛奶麦片粥 + 鸡蛋、火腿 + 苹果（绝对不是果汁，而是新鲜的水果），如此搭配法则，家长可以自我发挥。

好的午餐要给孩子提供充足的精神。如果孩子吃得不好，营养又不足够，就容易没有精神，会昏昏欲睡。家长在食物方面应该注意为孩子

提供合口又内容丰富的午餐。其中，维生素与矿物质相对要充足，这可以有效提升孩子的精神，减少疲劳。而肉类食物也需占一定的比例，然后再配以馒头、米饭等主食，然后加新鲜的蔬菜。如此才是孩子最理想的易消化、易吸收、助成长的正确午餐搭配。

虽然建议孩子晚餐要少吃一些，但因为全天大脑消耗比较多，所以家长要注意给孩子促消化的同时补充脑力营养。因此清淡的汤粥、定量的低脂蛋白以及必不可少的粗粮就非常有必要了。晚餐原则是水果、蔬菜保持一半的量，其他才是蛋白质、主食等。

锻炼孩子脾胃的清淡食疗方

增强脾胃功能，对孩子的健康是最好的帮助。而生活中，对于脾胃有益的食物选择多种多样，面对不同年龄层的孩子，肠胃功能面临着不小的难题。家长要如何呵护孩子的脾胃，从而让它顺利地接受食物，不积食呢？其实这并不困难，那些能增加肠胃消化酶分泌、促进孩子吸收又不刺激的食物，都是孩子锻炼孩子脾胃的好东西。

下面就给父母们讲几个小的清淡食疗方，它不但适合孩子的脾胃，还能有效地让孩子胃肠道得到正常的代谢，加强自身抵抗力。

酸奶香米粥

食材：香米 25 克，酸奶 50 毫升。

做法：香米进行清水浸泡半小时，然后煮成粥。粥一定要香甜酥糯，粥汤黏稠。煮好之后，盛在碗内凉凉之后，再加入酸奶搅拌开来，直接给孩子吃下就好。

功效：酸奶香米粥适合 3 岁以内的孩子，在夏天食用，能增加胃酸，促进消化。

板栗蒸糕

食材：面粉 50 克，板栗 20 克，酵母粉、红糖、牛奶各少许。

做法：将板栗煮熟，去壳之后用刀压成泥状。然后将板栗泥与面粉混在一起，加酵母粉调匀，然后倒入红糖和牛奶揉成面团，饧放 15 分钟之后，做成孩子喜欢的形状，蒸熟即可。

功效：板栗蒸糕不但口感软，味道又香，而且易于消化，能提升脾胃动力，适合 3 岁以上的孩子食用。

苹果羹

食材：苹果 1 个，冰糖少量。

做法：将苹果去皮、去核，然后切成块状，用料理机打碎成泥状。然后在里面加入少量白开水，用小火慢慢煮透，等到苹果泥变成了透明的样子，加入冰糖融开即可。

功效：苹果羹适合 1 岁之内的孩子食用，它富含果酸，帮助增加脾胃功能。

PART2

食谱篇：变换花样巧搭配，美味又健康

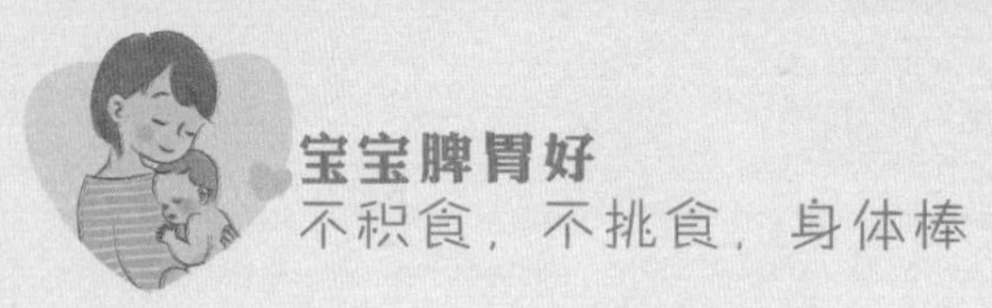

第五章 适合孩子作辅食的水果与饮料

母乳不足可用配方奶粉代替

对于新生儿的妈妈来说，可能最害怕的问题就是母乳不足。这时，孩子不但吃不饱饿的哇哇直哭，身体也虚弱，成长明显受到影响。不仅如此，妈妈们看着自己的孩子为此受煎熬，别提多不是滋味了。其实这种事真的很常见，解决的方法也完全没有什么难的，因为那些配方奶粉就完全可以代替母乳，而且妈妈们根本不用担心营养问题。

不过，新妈妈们在为孩子用配方奶粉代替母乳的时候，应该有所注意：

在喂养孩子母乳的同时，适当地给孩子补充一点儿奶粉，特别是母乳不足的新妈妈。正确的奶粉补充方法应该是先给食用孩子少量配方奶粉，然后慢慢增加配方奶粉的量，这样与母乳一起配合进食才是好方法。这能让孩子养成食用除母乳之外的饮食习惯的同时，还能不缺少营养的补充，专家称其为“补授法”。这是所有的新妈妈们屡试不爽的方法，而且操作又简单。专业人士认为，在两餐母乳之间适量喂孩子一点儿配方奶粉，这样孩子会适应能力更强一些，也不容易反感配方奶粉的味道。

另外，新妈妈们在开始给孩子喂配方奶粉的时候，最好冲得稍淡一些，让他不那么排斥奶粉的味道。同时，在配方奶粉中加一点儿葡萄糖，这样可以减少奶粉的浓重味道，从而让孩子吃起来更习惯。同时，新妈妈们给孩子用配方奶粉代替母乳的时候，最好固定一个孩子习惯的奶粉品牌。孩子吃奶粉就像吃母乳一样，习惯了一个味道就会产生依赖心理，如果经常更换倒会引起孩子的口味不适，以及脾胃不受，从而拒绝进食。

断奶后的饮食搭配法则

孩子在断奶后，营养上肯定面临着某种缺失，这时家长帮孩子喂辅食，就要格外注意。因为很多家长在急着补营养的时候，往往会忘记孩子脾胃的虚弱，这样一味地给孩子进食，就会造成不可逆的伤害。所以，孩子断奶之后，胃失去了母乳的滋养，要格外担心，在食物的选择上也要特别注意次序与步骤。

在初断奶的头 1 ～ 2 个月时，孩子要多以糊状食物为主，米粉类都可以，当然粥也要跟上。但不建议空腹喝果汁、吃水果等。营养丰富的蔬菜汤对孩子很理想。做法又简单：取白菜、胡萝卜、白萝卜、洋葱、芹菜等当季的蔬菜，充分清洗干净之后，切碎，加进粥或者肉汤中，煮熟，然后将菜梗等硬的部分捞出去，将蔬菜汁粥给孩子食用即可。

等到孩子断奶 3 个月的时候，可以吃一些软烂的面类。比如乌龙面糊：直接取乌龙面 20 克，加两杯水，最好是用鸡汤，将面煮软之后，在里面加一个鸡蛋以及少量的葱花、食盐。鸡蛋一定要打散加进去，这样更易消化吸收。还能按照孩子的口味加些蔬菜碎进去，要以菜叶为主。

待到孩子断奶 6 个月时，基本上一般的辅食都可以食用了。只不过，妈妈们一定要记住，少盐、少油很重要，不能加太多重口味的调味品。而且一定要吃水果，平时可以做水果泥给孩子吃，比如：将苹果与梨打

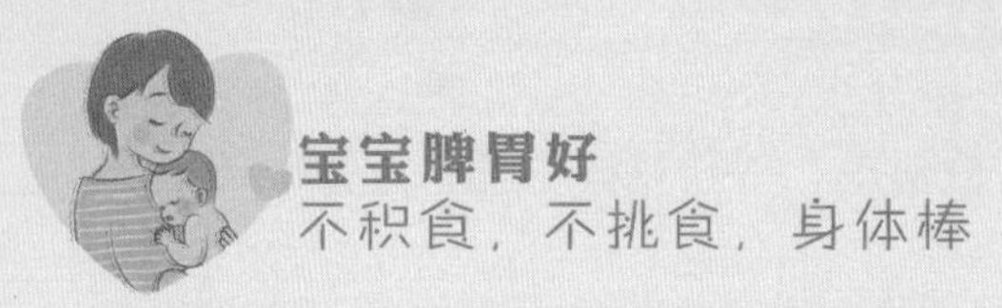

成碎泥状，混在一起给孩子吃，一天一到两次，每次不可超过50克。这样不但帮助孩子增加肠胃蠕动，还能补充水分，促进营养全面。

什么时候给孩子添加辅食最好？

给孩子添加辅食是每个妈妈都必经的事情，但什么时候添加又是个很严肃的问题，因为添的太早了可能会伤到孩子的脾胃，而添的太晚了又会让孩子营养不足。所以，掌握正确的辅食添加时间，才是对孩子最好的爱护。不过，妈妈们不用担心，只要按着下面的方法来进行，相信你就会做得很棒。

在国外，孩子一般是从6个月开始吃辅食的，而国内的孩子则普遍从4个月的时候开始。这虽然并没有太硬性的规律，但足以提醒妈妈们，3个月之前，宝宝母乳是最好的。而3个月之后，如果妈妈们母乳不足又或者孩子有明显的饥饿信号传出，这个时候妈妈们就要考虑为孩子添加辅食了。

不过，吃母乳的孩子与从出生就喂养的孩子又有区别。喂养的孩子在2个月的时候可以开始吃奶粉之外的辅食，比如果汁和蔬菜汁等。当孩子长到4个月大时，便已经可以逐步增加米糊、粥、泥等食物；至孩子10个月大时，则可以吃软一些的米饭与面条类食物了。

而吃母乳的孩子，专家则不建议早添加辅食，这是因为母乳与孩子肠胃的高度吻合，对他没有刺激，这是对孩子发育生长很有利的因素。但4个月以后，孩子的肠胃消化功能形成，身体也开始需要全面的营养，这时才可以从米粉开始添加辅食。到6个月的时候，孩子才能逐渐吃一些兑水的果汁及蔬菜汁。

也就是说，母乳喂养的孩子在添加辅食时，肯定要比喂养的孩子添加的过程要慢，时间要晚，这完全是为了让孩子有一个良好的适应过程。如果遇到孩子皮肤容易过敏的情况，那辅食的添加还要再推迟一段时间才是最科学的。

上午 10 点和下午 2 点是添加辅食的最佳时间

妈妈们都知道，孩子在 4 个月左右开始添加辅食最合适，但你知道每天辅食添加的合理时间吗？这可是个关系到孩子健康成长及顺利断奶的大问题，因为错误的辅食时间，很有可能会带来孩子对辅食的反感，直接影响孩子身体的发育以及断奶困难。

一般情况下，孩子的辅食是从 4 ～ 5 个月的时候开始的，这时每天就可以选择上午 1 次、下午 1 次的辅食喂养方法，分别在两餐之间给孩子喂辅食。在上午，10 点钟是非常适合孩子吃辅食的时间。因为刚刚吃辅食的孩子多以蛋黄、米粉类食物为主，而孩子肠胃功能非常娇弱，消化母乳之外的东西都有些力不从心。因此，10 点钟给孩子喂辅食刚好符合止饿、又有充分时间消化的原则。吃过辅食的孩子，可以慢慢进行营养吸收和消化。

等到下午喂辅食的时候，便可以选择 2 点钟左右。这个时候孩子一般已经午睡醒来，而且中午吃过的午餐也消耗殆尽，此时吃一餐辅食，正好可以持续到晚饭时间再次进食。保证了孩子在下午漫长的时间里不会多次产生对母乳的渴求。

当然，随着孩子慢慢长大，辅食的时间便被孩子在心理上固定下来，也就为他正确的进餐规律打下了基础。与此同时，妈妈们可一定要把握辅食量随孩子成长而增加的原则。从孩子每顿辅食只吃四分之一蛋黄到慢慢吃掉一个蛋黄，通常要经历半年的时间。这时孩子已经满一周岁，那么对辅食也就完全接受了。妈妈们则刚好让孩子在良好的辅食规律中，逐步减少及至完全脱离母乳喂养，自然又恰到好处，最适合孩子的身体成长与健康了。

辅食的搭配原则和添加顺序

添加辅食绝对是一门深奥的大学问，相信妈妈们都会有这样的感受。因为孩子初吃辅食，从接受和消化功能上都有一定的适应过程。这时，妈妈们就应该知道，正确的辅食搭配原则，对孩子来说是非常重要的事情。只有完全掌握了辅食的搭配原则，才会给孩子的辅食之路打下良好的基础。

通常来说，孩子的辅食添加是从米粉开始的，这也就是妈妈们都懂得的糊类辅食。虽然这样的辅食容易消化、吸收，但初开始添加也不能吃得太勤，以一天两次开始，然后慢慢增加，到一天 3 ～ 4 的时候，要经过两周的时间为好。

当孩子适应了米粉之后，妈妈们则要开始在米粉的营养配方上来选择。孩子 4 个月的时候，自身内存的营养物质开始消失，特别是铁元素。因此，妈妈们最先选择的应该是含铁的米粉，其次才是逐渐开始的锌、钙等其他营养元素。

以米粉为主要辅食的时间持续一到两个月，这时妈妈们可以为孩子进行果蔬汁、粥等食物的搭配了，这也就是粥类辅食的添加。不过，水果汁与蔬菜汁一定要进行营养上的考虑，含果酸太多的水果要与水调和饮用，而粥也一定要打碎再煮，让孩子吃不出颗粒状才是最佳的辅食搭配原则。同时，孩子的辅食可选择相对热量高的食物，比如蛋黄、肉末等。

一般情况下，当孩子粥类辅食添加完成之后，就可以开始比较软的正常食物添加了。不过辅食搭配得好不好，关系到孩子以后是不是会挑食、偏食等问题，因此，妈妈们在进行辅食搭配的时候，一定要将孩子可以吃的食物，都尽量添加进去。这主要是考验妈妈们的动手能力，细致、创意的做法才是孩子喜欢吃辅食的开始。

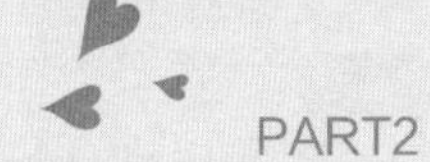

辅食添加要保持多少量

对刚刚吃辅食的孩子来说，一次添多少量是个大难题，因为孩子不会说话，家长也不完全懂得孩子的动作表情。所以，孩子吃辅食的量是不是够，又会不会满足，就成了一个没有答案的问题。不过，聪明的妈妈会有自己的小方法，比如从孩子的便便中来观察孩子的具体感受。方法比较简单，学起来很方便。

孩子如果对辅食认同并能接受，一般他的便便是不会有什么太大变化的，与吃辅食之前基本一致。但如果孩子便便次数增多，形状发生变化，这就说明孩子对辅食的接受程度还有问题。便便太硬，说明辅食水分不足；而便便软烂，则应该是辅食的温度和性质有些凉了，妈妈们要在这方面加以改进。至于拉肚子，则是直接告诉妈妈们，孩子对辅食不受，要进行相应的调整。

至于辅食的量要如何调整，则直接看孩子的便便是不是量增加了，与添加辅食之前有太多增加，妈妈们就应该将辅食的量减少一些。这就是孩子的语言，他会用辅食对他直接产生的结果来告诉家长自己的感受。

除了量上的把握之外，妈妈们还应该掌握正确的米粉调制方法，这样孩子才不会大便干燥、软烂等。米粉具体的调制方法应该这样：先将米粉倒在孩子专用的小碗中，然后用晾到七十度左右的温水调制，有些妈妈为了更营养会用配方奶甚至是米汤，这是绝对不赞成的方法。简单的白水就可以，当米粉调到黏稠时，直接给孩子喂食。另外，孩子没有吃完的米粉，要直接扔掉，不要留到下次再吃。

刚开始添加辅食时，要软、稀、细、少。

开始为孩子添加辅食，是有一定的时机可以把握的。这个完美的时机就是从孩子头颈部肌肉的完善开始的，这时孩子的脖子可以直立，这就等于告诉妈妈：我已经可以进辅食了。不过，知道了这个原则，妈妈们还要掌握孩子对辅食的要求，如此才能真正让孩子健康进食并成长。

开始时，孩子的吞咽功能、消化功能都不完善，他们更容易接受流质食物。所以，妈妈们要注意辅食的形态，通常要选择水分较多的流质、汤类为辅食。这样稀状的食物是一个过渡，会慢慢训练孩子用舌头进食的功能。

辅食可以慢慢地从稀到稠，不过一定要保证柔软度。比如从米糊可以慢慢过渡到稀粥，再逐步变成软烂的米饭。这个过程不要着急，对孩子来说，3 个月以上的时间非常有必要，身体虚弱的孩子，则应该以半年为过渡期。

孩子的辅食除了稀、软之外，一定要细。虽然说块状食物可以促进孩子的咀嚼功能，但孩子在肠胃娇弱的最初，特别是未满一周岁的情况下，不适合摄入大块食物，这不利于消化，也会让孩子在吞咽中损伤肌体以及发生吞咽危险。

最后，妈妈们一定要不贪心，给孩子吃辅食就是从少到多的一个渐变。开始的时候，孩子只能吃一个蛋黄的四分之一，即使他再想吃，也不要出于宠爱而多增加量。这对孩子的脾胃及消化功能没有好处。其次，妈妈在为孩子添加辅食时，每增加一定的量要观察 3 ～ 5 天，在确定孩子没有不良反应后，才可以确定添加辅食量。

如此，孩子的辅食添加，应该是一个稀、软、细、少的过程，孩子会一点儿一点儿的习惯，妈妈们还要放慢脚步，陪孩子慢慢成长。

孩子辅食的对和错

给孩子添加辅食，家长总是小心翼翼，怕这样不行，那样不好，毕竟这关系到孩子的生长发育。这也难怪，辅食总有很多让家长难以辨别的小细节，一不小心就会弄错。那给孩子添加的辅食应该怎么做才是对的，怎么做又能不出错呢？

很多家长认为孩子的辅食越细越好，但这只是相对而言，过于精细的辅食对孩子的咀嚼功能没有帮助，也不利于牙齿的萌出，而且时间久了，肯定会让孩子食欲退化。因此，正确的做法是逐步改进孩子辅食的添加，从单纯的糊类到慢慢过渡到果蔬粒。

孩子的辅食中不能加油，相信很大一部分家长都这样认为的。但事实是，孩子的辅食也需要一定量的食物油。只不过，不是什么油都可以，最理想的辅食植物油应该是花生油、玉米油以及橄榄油、核桃油等。如果家长注重为孩子补充脂肪酸，那就选豆油、葵花子油一类。而从健康角度来说，不饱和脂肪酸对身体更健康，所以，要尽量选择含有维生素E的植物油。

辅食中食用油的添加应该是这样：1岁以下的孩子每天不超过10克，3岁以内的孩子每天不超过25克，学龄前孩子每天不超过30克。

那么吃辅食的孩子要不要给他添加葱、姜类的调味品呢？这也是按年龄段来添加的，通常1岁左右的孩子都不需要这些东西，因为它味道刺激，而且口味重，对孩子没什么好处。但3岁之后则不同，这时孩子的消化系统已经相对成熟，一定量的调味品可以促进身体的健康，因此，可以加少量的有刺激食欲味道的调味品了。

小心添加辅食的三大误区

孩子吃辅食可以获得更多的营养，同时还能锻炼孩子慢慢自我进食的习惯。但是，妈妈们要知道，在你所习惯的辅食添加中，可能存在着很多错误，这对孩子的成长是极为不利的。现在，我们不妨总结一下辅食添加过程中的误区，妈妈们就来对比看一看，是不是自己也在其中了呢。

辅食添加的第一大误区：味道。妈妈们都有这样的想法，孩子的辅食中不加盐、不加调味料，淡而无味，孩子怎么可能爱吃呢？所以便会按自己口味的习惯，在孩子的辅食中添加各类调味料及盐、糖等味道。这其实是非常错误的做法，孩子的脏腑和成年人没办法相比，只是少量的盐或者刺激就能让它们受伤。所以过咸、过甜、过于重口味，都会对孩子的脾、胃、肾等脏器造成负担。

第二大误区：营养。父母爱自己的孩子，自然希望自己的孩子能尽量多地汲取营养，帮助身体成长。可是，孩子对营养的需求其实在食物与母乳中就可以完全获取，没必要特别辅加那些新、奇、特的食材。而且对这些“新鲜食物”吃的习惯了，不但会令肠胃负担加重，还会造成孩子日后的偏食习惯，弊大于利。

第三大误区就在妈妈们的想法上了：口感。很多妈妈认为，食物都煮烂了有什么营养呢，所以常常会在自己吃的口感基础上，进行少量的火候增加。这对孩子的肠胃来说，是非常有刺激危害的。同时，家长还会理所当然地认为，自己吃的食物只要稍加煮透就算是辅食。这更是让孩子的肠胃雪上加霜，孩子消化不良，便秘、腹胀就不请自来了。

以上三点，不知妈妈们身上是不是都不同程度地存在呢？如果有的话，就快点儿改正吧，孩子的成长与健康可是不能等待的呀。

辅食是什么样子

每个妈妈都知道，给孩子添加辅食必不可少，可是对辅食更深的一些细节却未必清楚。也正是因为如此，很多家长的标准是以孩子不饿为主。但这样的孩子长大后，脾胃多会不调，身体也不好。这说明一餐养脾胃又有营养的辅食是很讲究的，我们不妨来看看辅食的性状，准备给孩子添加辅食的妈妈们就快点儿来取取经吧。

孩子的辅食是从四个月左右开始的，这时以米粉、蛋糊为主。只不

过，鸡蛋只能吃一点儿蛋黄，因为蛋白可能会造成孩子腹泻。但是，蛋黄相对厚稠，在喂给孩子时不宜直接让他吃下，而是要将其放在粥汤里，或者米粉糊等比较稀薄的食物中一起吃。这也告诉妈妈们，孩子的辅食应该是从稀到稠的过程。

除此之外，孩子吃辅食还要遵循由细到粗的变化原则。比如说先吃米糊类的流动性状辅食，随着孩子的成长，慢慢从中增加蔬菜、水果以及米饭、肉末等。为了确保孩子能吸收消化，所有的辅食都要从泥到末，再到小颗粒、大颗粒。只有这样的逐步变化，才能让孩子吃得好，又调养脾胃。

另外，季节变化的时候，孩子的辅食性状又有所不同，夏季炎热时，不适合给孩子吃太多辅食，对于已经开始吃辅食的孩子则要尽量喂食软而细的食物，果汁等要稀释之后才能喂食。冬季时，孩子的辅食需要增加热量，此时蛋黄类稍硬厚的食物很合适。

如此，可以将孩子的辅食性状这样总结：孩子辅食的性状是一个递进的过程，由稀到稠，由细到粗，由软到硬。只有这样让孩子逐渐适应食物的口感，才会让他吃得更舒适，更安全。

少糖、无盐辅食这样做

孩子的辅食在最开始时都是少糖、无盐的。这是因为孩子的脏器功能还不完善，对于稍有刺激的食物就会吸收不利，也会增加脏器负担。所以，4～12个月大的孩子，在吃辅食时绝对要少糖、无盐，不加其他调味品。只不过，妈妈们总是头痛，这样的辅食难道只能吃米粉吗？如此单一的食物孩子总不肯吃怎么办？大家不要着急，我们下面就介绍几个少糖、无盐的辅食方。

甜蜜南瓜糊

食材：南瓜 20 克，米粉 10 克，温开水少许。

做法：将南瓜的皮和籽去掉，切成薄片，放在碗内，隔水蒸熟。用勺子将蒸好的南瓜捣成泥，南瓜比较绵厚，要加温开水进行稀释。待南瓜捣碎之后，将米粉倒进去，轻轻搅成糊状，这样南瓜米粉粥有了一定的甜味，孩子就喜欢吃了。

适合：4 ～ 6 个月大的孩子。

奶香菜泥

食材：土豆 20 克，西兰花 10 克，幼儿奶酪少许。

做法：先将土豆洗净，然后放在蒸锅中蒸熟，剥去外皮之后放在容器内压成土豆泥。取西兰花，焯一下，然后剁成碎末。最后将土豆泥、西兰花末、奶酪放在一起，搅拌均匀。菜泥带着淡淡的奶香，营养又很丰富，孩子很喜欢。

适合：7 ～ 9 个月大的孩子。

海鲜豆腐泥

食材：豆腐 40 克，基围虾 2 只，胡萝卜 20 克，姜 1 片，肉汤适量。

做法：取基围虾，去头，剥壳，挑出虾线，直接剁成泥状；然后把姜拍碎，挤出姜汁滴在虾肉中。胡萝卜刮去薄皮，切碎，剁成细末，颗粒要很小。将肉汤放进锅内烧开，接着把豆腐放进去，一边大火煮，一边将豆腐捣成泥。待汤滚开之后将虾泥、胡萝卜末放进去，大火煮开，小火炖烂，便可以给孩子吃了。

适合：10 ～ 12 个月大的孩子。

如何选择与清洗辅食水果

水果作为辅食中不可缺少的一样食材，在选择和清洗上要非常注意。不同的水果性质不同，对孩子的作用也不一样。选择对了水果，还要会清洗，不然，很有可能刺激到孩子娇嫩的身体，引起不适。

水果一般建议选择温和性质的，比如苹果，这利于孩子脾胃的接受。而橘子、橙子类的水果虽然味道很好，但要减少吃的量。因为这类水果热性比较高，会引起孩子上火，甚至是黏膜出血等。

香蕉是很多家长喜欢的辅食水果，其实孩子最好不要多吃，特别是身体瘦弱的孩子，吃香蕉太多反而会被它所含的鞣酸伤到。而且，香蕉促排便的说法也不完全，如果想要促进肠道排泄，给孩子吃点儿猕猴桃更管用。

通常，身体弱的孩子适合多食苹果、龙眼、木瓜、椰子、荔枝等水果。而消化不好的，则以山楂、柠檬、桃子、石榴等为主。如果饮食不好，则可多吃大枣、栗子、无花果等。

选完了水果，清洗就变得非常重要了，包括蔬菜，清洗时都比较麻烦，有虫、有药物残留等。不注重清洗，比没吃水果害处还要大。洗水果大致可以用以下几个方法。

淘米水清洗：淘米水是酸性水，对有机磷等农药祛除作用很强，这最适合用来清洗蔬菜。洗的时候要将蔬菜放在水中浸泡一段时间，然后用清水冲净。

淡盐水浸泡：清洗水果的时候，在清水中加入一小撮食盐，搅匀之后将水果放进去，浸泡 30 ～ 60 分钟。这样果皮上的药物残留可以有效被清除。

小苏打水清洗：将小苏打粉强在清水中，融开之后浸泡水果，这适合有皮的水果，菠萝类则不适宜用此法。

孩子辅食中的水果吃法

给孩子添加辅食，水果也是必不可少的主角之一。只不过，怎么吃水果，孩子又适合吃什么水果是件重要的事，家长在为孩子做水果辅食时，要多注意一些才行。那孩子辅食中水果的吃法应该注意些什么呢？

首先，水果辅食讲究新鲜，因为水果在切开之后容易变质，给孩子做辅食就要现做现吃，不能隔夜或者是剩下了下次再吃，这对孩子的肠胃都没好处。另外给孩子吃水果时，不管以汁还是以水果泥，都要保证多样化。孩子之所以会挑食，与家长的辅食添加不无关系，总喂一种水果会让他产生依赖或者腻烦心理，从而挑剔这种水果。因此，多样化的水果吃法才是最佳的方法。

孩子在添加水果辅食时，一定要从量上有所控制，一般一天可以添加两次，一天的量以不超过 60 毫升为宜。而孩子最早吃的水果，基本都以苹果以为主，这是因为苹果性平口感柔和，可帮孩子增强食欲和促进消化，而且耐受程度也强。

给孩子添加水果辅食是不是越特别越好？这其实只是家长的新奇心理，从孩子的健康来说，反季水果并不适合出现在孩子的辅食中，特别是香蕉、西瓜、草莓、葡萄这四种水果。如果反季节食用的话，很有可能让你的孩子产生肠胃上的接受不强，造成消化紊乱。而且这种反季的水果本身都有外界的催化才促进其成熟，自然吃下去的好处也就不足了。

这样处理食物，营养不流失

孩子们只有营养齐全的食物是不够的，因为很多制作方法会让食物营养流失。因此，新鲜、营养的食物，要会做，会处理，才能真正保护孩子所摄入的营养更全面、更充足。那么，下面我们就来看看，怎么处

理食物，营养才不会流失呢？

给孩子做粥的时候，妈妈习惯反复搓洗大米，希望洗得干净些。然后就是用水长时间浸泡，这其实都是让营养流失的因素。正确的做法，应该是用温水清洗大米，淘洗 2 ～ 3 次即时下锅煮制，这样才会充分保持大米的营养。

妈妈们都知道发酵类的面食易于消化，但是，如果在发面类食物中放碱来制作，那就会破坏食材的 B 族维生素，显然不利于孩子成长所需。如果改用鲜酵母来发面，则能更多滋长 B 族维生素的含量。所以正确的面食制作，可以通过酵母来保持维生素以及活性物质。

肉类食物当然是孩子的营养主要来源，在处理肉类食物时，尽量减少油炸，这是使营养严重流失的做法。其次就是烧烤，经过烧烤的肉类食物，维生素的流失非常大。正确的处理方法应该是做成肉馅，或者是直接炖煮以及挂糊进行烹制。这样才能保证营养被锁在食材当中，维生素也不易被破坏。

胡萝卜是蔬菜食材中的重要成员，它的营养成分充足，能让孩子长高，免疫力强。最理想的做法应该是先煮熟了再切。因为营养学家做过试验，切好的胡萝卜放入水中，其营养成分会有很大一部分被水稀释。另外，煮好之后再切的胡萝卜，口味上也更好，天然糖分也多，孩子们更喜欢吃。

同时，其他类蔬菜，家长则应该保持先洗后切的方法，可以最大量地保持水溶性维生素不流失。同时，蔬菜要在烹饪时再切，以免维生素氧化受损。

牛奶和鸡蛋要这样喂

牛奶和鸡蛋是孩子辅食中非常主流的食材，但是吃法上却有很多需要妈妈们注意的地方，因为只有正确进食，才能真正吸收其营养。

我们先来看鸡蛋的吃法，初给孩子添加辅食时，孩子是不宜吃蛋清的，其营养成分并不高，又不易于孩子咀嚼。所以，妈妈们可以只给孩子吃蛋黄。不过，给孩子喂食蛋黄，应该在煮熟之后，用调羹压成泥状，再一点儿一点喂给孩子。而不是为了方便，掰成小块直接喂给孩子吃。其次，量不可以多，一次只能吃四分之一的蛋黄。可以随着时间慢慢增加数量，这样对孩子来说才更健康。

当然，有些孩子不喜欢吃鸡蛋，妈妈们就可以将单纯的蛋黄做成鸡蛋羹，或者是蛋花粥。换了形式的鸡蛋，孩子再吃起来就完全可以接受了。在做鸡蛋制品的时候，可以保留蛋清，从而让孩子完整地摄入鸡蛋的营养。

说到牛奶，很多妈妈都认为牛奶不易于孩子肠胃吸收，所以会在里面加水或者掺米汤等来稀释牛奶。其实这样的做法完全没有必要，太多的水分会让孩子肾脏产生负担。只要孩子能接受牛奶，不泻也不吐，就说明完全可以承受纯牛奶，就不用兑水或者掺米汤了。

牛奶加热后再给孩子喂食是肯定的，但是加热的牛奶会产生一层奶皮，这要不要食用呢？正确的做法是连奶皮一起给孩子喝下去。因为奶皮含有丰富的维生素 A，对孩子的眼睛发育很有帮助。

牛奶的保温也是个大问题，妈妈会把加热过的牛奶放进保温杯，以方便孩子随时都可以喝到热乎的牛奶。这种做法非常错误，牛奶中的细菌繁殖非常快，3 小时左右就会让牛奶变质，特别是在温度极高的情况下。所以为了孩子的健康以及牛奶营养的保持，最好的方法是恒温存放牛奶。

巧用妙招，让孩子爱上辅食

添加辅食是一个必需的过程，但有些孩子就是对辅食有所抗拒。遇

到这种问题时，妈妈们怎么面对呢？如果你一味地强给孩子喂辅食，那恐怕就要犯错了，因为强给孩子吃辅食，不但不易于消化吸收，还会引起孩子对辅食的逆反情绪，这可就是欲速则不达了。下面，我就与妈妈们分享几个小方法，好让你的孩子爱上辅食。

饥饿促食百试不爽。想要给孩子吃辅食的时候，不妨在母乳上少给一些量，让孩子产生饥饿的需求感。等到孩子想要吃东西的时候，辅食的出现就可爱得多了。一般情况下，孩子都会自觉的吃下去。

多尝试不强求。孩子也有自己的情绪，有时会对辅食完全没兴趣，这也跟我们成年人一样，心里惦记着其他的事，当然会对眼前的事提不起兴趣。这时妈妈不如随着孩子的注意力，陪他玩，关注他感兴趣的事情。在孩子完全摆脱了自己的情绪之后，再尝试喂辅食给孩子吃。通常孩子就会很乐意进食，而且胃口极好。

漂亮的餐具不可少。孩子对于妈妈手中的餐具是非常关注的，特别是已经可以自己动手的孩子，这时一个漂亮的卡通餐具，就可以让孩子胃口大开。所以用孩子喜欢的卡通形象来做餐具，用孩子喜爱的颜色餐具来喂食，才是真正带动孩子吃饭的好方法。

运动非常有必要。不管多大的孩子，都需要运动来促进食欲。这与饥饿疗法差不多，但同时更是刺激孩子情绪的过程。带动孩子做游戏，引导孩子多动动，孩子的消耗增加，自然也就有寻找食物的本能表现了。

辅食百变花样多。最主要的一点，要让孩子爱上辅食，还是要在辅食自身多下功夫，比如孩子不爱吃羹，你就可以做成小饺子、小馄饨。而孩子经常吃面食会烦，你就改成蔬菜、水果类的汤糊。不管是什么辅食，多变幻它的模样，给孩子带来全新的视觉感，他尝试的心情才会更浓郁。

教你挑选适合孩子的餐具

餐具对孩子来说是进食的动力，好看的餐具能让孩子顺利进食，而安全的餐具又让孩子的成长受益。因此，在为孩子挑选合适的餐具时，妈妈们应该从多方面着手，款式、颜色、材质、功能一个都不能少，说起来这可是门很深奥的学问呢。

在选择孩子使用的餐具时，安全肯定是放在第一位的，因此对餐具的材质要进行充分的了解。陶瓷的餐具不适合孩子，易被摔碎，而且重量也不轻，孩子用起来不方便。不锈钢材质虽然不怕摔又轻便，但传导性强，会烫到孩子的手。另外，木质固然天然，又手感好，可是易滋生细菌；特别是涂了油漆的木质餐具，就更难辨别安全性。因此，陶瓷、不锈钢、木质都不是适合孩子的餐具。

塑料材质的餐具显然就占据了主流，这是因为它轻便又不烫手，不易碎等特性。但家长在挑选的时候，应该注意有些塑料材质的餐具，以次充好，其耐热性不强，甚至有的在装过烫食物时会有异味传出，这都说明此为有害餐具，不宜使用。

除了挑选合适的材质之外，款式的设计也很重要。一般家长可以选择那些相对有设计感的碗、调羹等，这样方便喂食，也讨孩子的喜欢。比如圆形的碗不容易烫到孩子的嘴，而长柄的调羹适合孩子抓握。这会让孩子吃饭时更有兴味，从而进餐顺利。

餐具的颜色也很重要，带有卡通图案的鲜艳餐具会引起孩子的兴趣，而且它能让孩子更加乐意自己去动手进食，从而与餐具产生接触。不过，家长应该确保那些颜色的安全性，最好是选择品牌类餐具，以保证孩子的健康。

除了以上几点，功能性也是餐具的一大选择标准，比如有些小碗下面有一个吸盘，这能让它稳固的吸在桌子上，不来回移动，就不容易让孩子打翻食物。所以妈妈可以根据孩子的个性与习惯来选择购买那些功

能餐具。

孩子的辅食最好现做现吃

给孩子做辅食是件麻烦事，很多家长便会一次多做些，然后放在冰箱里，在孩子要吃的时候，拿出来加热即可。其实，这看似合理的方式，对孩子的营养可不怎么理想，妈妈们不会想到，这种“过时”的辅食，不但营养不齐全，而且卫生也不达标，孩子经常这样吃东西，可不利于生长。

标准、科学的辅食应该是现做现吃的过程。孩子的抵抗力比较弱，他们要求的卫生标准要相对更高一些。而制作时间长的辅食，会在冰箱保存的过程中变质，以及滋生细菌，这样就为孩子的健康埋下了隐患。相比那些刚做起来便吃的食物，存在时间过长的辅食，肯定就要给打上一个大大的红叉了。

而对于孩子的辅食来说，营养又是占极重要地位的。新鲜的食材在做好之后放进冰箱，就会因为冰冻、冷藏等过程，而让营养成分流失。比如冰过的牛奶，不管你怎么加热，它都不会与新鲜的牛奶口感相当，而且会有稀薄感，这就是其中营养成分减少所致。孩子经常喝这样的牛奶，其身体的营养需求就要缺失了。因此，冰箱对于孩子的辅食，绝对不是好去处。

现做现吃的辅食就不一样了，那些新鲜的水果、蔬菜、肉类，在减少了冰箱、存放等过程之后，自然口感与营养都要原汁原味一些。妈妈们在做辅食之前，可以观察孩子的情绪，同是以平日的标准判断孩子的食量，每次通过准确的估测来为孩子辅食的量做定额，让每次做出的辅食不产生过剩，也不会有所不足。如此，孩子的食物健康完全，便完全保持在妈妈的手里了。

多吃粗糙的食物对孩子有好处

相信有很多妈妈会纠结，宝宝脾胃、肠道功能弱，吃过于粗糙的食物会产生消化不良；可是孩子又需要通过咀嚼来锻炼口腔、肠壁的力学功能。这么矛盾的现实，到底该怎么办才好呢？真是吃也不好，不吃也不好，把妈妈们愁坏了。

其实，妈妈们只是站在一个标准不变的角度来看待这件事的，因为孩子在不断的成长，他所进食的食物也处于不断变化当中，当软、细的食物为他补充了营养及功能之后，相对粗糙的食物也就完全可以接受了。所以粗糙一些的食物，对孩子并没有什么坏处，相反倒是好处很多。

因为孩子牙齿的萌出、肠壁肌肉的推动都需要粗糙食物的刺激。这样，粗糙一些的食物不但能让孩子长牙顺利，还会锻炼其口腔的咀嚼能力，增加胃肠壁的动力。专家们就指出，多吃高纤维、粗糙食物的孩子，其牙齿、齿龈肌肉组织往往更健康。而且，其消化能力增强。这是因为不断的咀嚼造成口腔内的按摩，促进了血液循环，于是口腔功能得到加强。而在孩子咀嚼的过程中，唾液分泌增多以及纤维对肠壁的推动，这对孩子的消化都增加了很大的促进作用。

倒是长期吃细腻食品的孩子，容易产生热卡过剩，于是慢慢增胖。家长们虽然认为孩子胖一点儿好，可却不知道这会让孩子在青春期的发育受到影响。因为当青春期到来时，孩子体内激素水平增长，从而激活其婴儿期的进食模式，于是孩子体内热卡兴奋，令孩子产生肥胖的概率大大增加，进而影响一生的身材走向。

由此可见，平时在孩子能消化，能吸收的情况下，多喂一些相对粗糙的食物，对于孩子是一种健康的促进，而没有任何值得家长担心的多余性。妈妈们在明白了纤维对孩子的重要性之后，就放心地去让孩子自己动口咀嚼吧。

孩子不爱吃饭，多在色香味上下功夫

孩子不爱吃饭，是很多家长都发愁的事，可是有些家长却为了让孩子多吃饭，不断寻找稀奇的食材，甚至不惜让孩子多吃零食来调动孩子食欲。如此时间长了，孩子挑食、营养不足的问题也就显现出来了。其实，真正想要孩子爱上吃饭，最好的方法还是从色、香、味上多下功夫，吸引孩子对饭菜感兴趣，这才能从根本上改变孩子对饭菜的看法。

颜色是孩子一眼便可看到的外形存在，妈妈们如果能将那些带有天然鲜艳色彩的青菜、西红柿、豆腐、胡萝卜、柿子椒等蔬菜进行混合搭配，一定能让孩子眼前一亮，这也就自然吸引了孩子的兴趣。如果能给那些饭菜再做出一个有趣可爱的外形来，这时只怕孩子忍不住要吃上一口了呢。

香味虽然看不见，可是能直接钻进孩子的鼻孔，诱使孩子产生食欲。家长在做饭的时候，可以在成形的菜盘上滴几滴麻油，用味道的散发力来彰显饭菜的味道。当然手艺好的家长，也可以用出自己的绝招，让孩子还没看到菜，先被香味吸引，这时不用你催促，孩子已经等不及要吃饭了。

口味是孩子对饭菜最直接的感受，除了颜色和气味上的吸引之外，家长们应该懂得饭菜要有自己的个性。比如不同的食材，就要保持它不同的味道，辣的、甜的、咸的、酸的……食物不同，其味道也不同。但主题却是吃进嘴里都能不刺激又滋长口感，这样孩子吃起来就喜欢多了。当然，那些特别的味道都应该来自于天然的姜、葱、盐、咖喱类的调味料，而不是太刺激的辣椒、酒等食材。孩子在吃出了饭菜中不同的味道之后，就会寄希望于下次的不同尝试，从而越来越喜欢饭菜的味道了。

给孩子吃嚼过的食物，有百害而无一利

有的父母，特别是隔代喂养孩子的家长，总喜欢将饼干、点心等食物，通过自己的嘴嚼碎，然后喂给孩子来吃。自认为非常方便，又不伤害孩子。其实，这种做法对孩子是有百害而无一利的事情，对孩子的健康也是极不负责任的。我们为什么这样说呢？妈妈们不妨来看一看这种做法的危害性。

疾病的传染。成年人的身上，经常潜藏着很多我们看不到的疾病，比如肠炎、肝炎、流感初期症状、龋齿等等问题。当你用自己的嘴来嚼食物喂给孩子吃之后，那些潜藏在你口腔中的相关细菌，便也如同搬家一样，被一起转移到了孩子的嘴里。虽然在成年人的身上，有些病可以不发作，但孩子抵抗能力差，一旦受到这些细菌的影响，很快就会生病。有些龋齿类问题则会随着孩子的成长，慢慢显现出来；这就是疾病的传染性。

影响孩子咀嚼功能。有效的咀嚼可以让孩子牙齿萌发顺利，同时帮助口腔分泌唾液，从而促进消化。但当你为孩子咀嚼之后，孩子变成了直接吞咽的进食模式，时间久了，势必会让他的咀嚼功能受限，而且会产生食道黏膜、胃肠黏膜的刺激。因为我们的唾液有着滋润、顺滑食物的功能，没有了它们的分泌，整个消化系统就会变得干而无力。

对孩子消化功能的弱化。长期不对食物加以咀嚼的孩子，其肠胃负担是极为沉重的。因为它们无法刺激消化液的分泌，从而消化功能紊乱。如此，不用多长时间，孩子就会在消化方面出现问题，腹胀、拉痢等都是平常事了。

营养的缺失。虽然说家长在咀嚼的时候，并没有吞咽食物，但食物中大部分的营养都会随着汁水以及唾液的包裹，进入自己的胃中。而孩子吞下的，只不过是你吃剩的残渣，其营养成分大打折扣。这也就等于营养不齐全了，哪怕吃得再多，也会造成营养缺失。

家长要牢记的辅食“黑名单”

辅食对孩子如此重要，家长们可不能大意，特别是有些辅食，看似很好吃，可却暗藏着杀机，孩子经常食有，危害极大。所以，我们现在就来看看，在孩子的辅食中，有哪些食物是应该被拉入“黑名单”的，妈妈们可要仔细用心啦。

先看主食类中的害群之马，通常淀粉类、谷类都是易于消化吸收的食物，但是麦片和全麦面包却应该被划出辅食名单，特别是没有满一周岁的孩子，吃麦片和全麦面包，容易过敏，还不易消化。实在想吃，就等孩子大一些再说吧。

鱼是营养价值极高的食物，但却不是每一种鱼都适合孩子吃，比如鲶鱼、罗非鱼、吞拿鱼、剑鱼等。这些鱼体内汞含量较高，对孩子的神经系统会产生影响。另外，海产类的虾、螃蟹、贝壳也要划出去，它容易引起孩子过敏，一周岁以下的孩子不要食用，一周岁以上的孩子可少量食用。

家长们都认为孩子多吃蔬菜好，可是有些蔬菜却并不能吃，比如竹笋、牛蒡等超高纤维的蔬菜，孩子是没有办法消化吸收的。另外，菠菜、韭菜、苋菜等虽然不错，可是含有大量的草酸，对孩子的牙齿与骨骼发育不利，也可以不吃。

接下来就是水果了，虽然说水果都各有其营养，但从辅食的角度来看，并不是每一样都能吃的。比如杧果、菠萝、水蜜桃等，就不适合给孩子做辅食。杧果含有化学物质，特别是熟不透的杧果，会有醛酸，对口唇的刺激很大。而菠萝中则有菠萝蛋白酶，对孩子皮肤血管的刺激性很强；水蜜桃则因其绒毛的原因，容易引起孩子皮肤的不受。所以这些水果吃不好会让孩子腹泻、过敏，甚至是哮喘；最好不碰。

最后，妈妈们还要过滤一下孩子喝的水，单一的纯净水、功能性饮料等都不应该出现在孩子的辅食中，它们只会刺激孩子的身体，没有什么好处。

孩子生病时的辅食添加计划

孩子会从四个月左右开始吃辅食，而且会吃很长一段时间，在这段时间里，难免会遇到生病的日子。遇到这种情况，妈妈们都是怎么给孩子添加辅食的呢？要知道，生病时的辅食添加与平时可不太相同，吃得不好，会直接影响孩子的身体。

首先，对感冒的孩子来说，辅食的添加适合减少相对的量，而且要以清淡为主。一般情况下，比平时要少吃三分之一的样子，这样可以让孩子脾胃的消化功能不受影响，同时也可以让孩子多喝点儿水，从而强化身体免疫力，减轻感冒的症状。

有些孩子会腹泻，这时妈妈们一定要观察孩子的腹泻类型，如果是感染性的腹泻，比如大便水样，或者血便。这时不宜添加任何辅食，而应该听从医生的意见，进行输液或者口服补液。但如果只是轻度的腹泻，比如大便不成形，长期腹泻，妈妈们则要看一看是不是辅食上有问题，其次才是对辅食的改变。开始时，肯定是量很少的进行添加，然后逐步验证，进行改变辅食的吃法。

不过，如果不是辅食引起的腹泻问题，此时不建议妈妈们随便给孩子更换辅食内容。但可以选择孩子常吃的、易于消化的食物，尽量不刺激肠胃。

有些孩子天生体质弱，身体一直不好，这时添加辅食就要格外注意了。比如辅食吃什么，开始添多少，都要掌握从稀软、从少的原则。宁肯孩子不够吃，也不能让他一次吃太多。循序渐进是生病孩子的辅食添加要点，着急只会适得其反。

另外，要注意孩子是不是有过敏情况，孩子本来身体不好，如果贸然的添加新辅食，风险会很大，比如引起过敏、发烧等症状。所以，对于身体不好的孩子来说，辅食宜慢不宜快，宜少不宜多。如果有可能，就一定等到孩子恢复健康了，再进行辅食的添加。

孩子辅食搭配四季大不同

虽然只是简单的辅食添加，但不同的季节也一样有不同的要求，家长在制作的时候，要进行区别对待，才会给孩子养出好脾胃，帮助他不挑食、不积食，真正健康的成长。

春天是最适合孩子成长的时期，这时一天需要四次进餐，要做到营养全面，这样才有利于脾胃的吸收消化。因此，早餐宜选择粥、发酵面食为主；中餐则以软一些的米饭和补充营养的蛋、肉类菜为主；下午的时候可以吃粥，也可以吃水果羹；晚餐则要吃些小馄饨、萝卜汤等食物。这些都是补气血，又易于消化的辅食。

夏天天气炎热，孩子容易缺失水分，所以要多以汤食为主，比较合适的食物就要数那些蛋白质高的食材了。早餐可用豆浆配上加馅的发糕类食物，比如葡萄干发糕；中午可用米饭配鱼丸汤，汤中加少许西红柿；下午加餐时最好选择祛火的，比如绿豆粥。晚上的时候，可以给孩子做面片汤，又有主食又有汤，更利于孩子补充一天缺失的水分。

秋天，干燥的同时又早晚变凉，因此孩子容易拉肚子。这时的辅食要注重维生素A的补充。早餐可以吃大米粥配软饼类主食；中餐做份什锦饭，将胡萝卜、青红椒等食材加进去，营养更全面；下午可以帮孩子准备一份小米粥，但要在里面加上含有维生素A的蔬菜；晚餐的时候蛋花汤、猪肝冬瓜卷就很合适，这样能充分满足孩子维生素的需求。

冬天，天气寒冷，孩子除了晒太阳还要多补钙，所以早餐要将粥换成牛奶，再配一份芝麻薄饼最合适。中餐时，用排骨汤为孩子焖一份米饭，可以在里面加点儿海带丝；下午可以吃份甜点，比如蒸地瓜；晚餐的时候，一定要补充点儿高热量的食物，比如用肉末煮面条，加份蔬菜进去，就很好了。

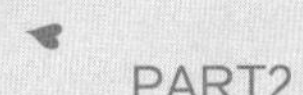

第六章 适合孩子的食谱

孩子补钙吃什么辅食好

孩子在添加了辅食之后，就会开始慢慢脱离母乳的营养，而身体又正处于快速生长阶段，钙是非常重要的营养元素。妈妈们在给孩子做辅食的时候，一定要注重钙量的补充，这样才能让孩子骨骼发育健康，成长快速。那么，在平时的辅食中，要如何为孩子补充钙量呢？快来看看多钙辅食的制作方法吧。

紫米芝麻糊

食材：黑芝麻 5 克，紫米、糯米各 10 克，花生米 3 克，栗子肉 5 克，白糖适量。

做法：先将黑芝麻炒熟，然后放在一边晾凉。将紫米、糯米、花生米先放进豆浆机中打碎，然后倒在锅内煮制。这时取炒熟的黑芝麻、栗子肉一起加少量白开水打成糊。当锅内的米糊烧开之后，便可把黑芝麻、栗子糊放进去，小火慢慢煮，直到糊变得稠而软糯。取白糖少量，搅入锅内，但可以出锅食用了。

功效：紫米、糯米、黑芝麻等食材中，不但钙量丰富，而且还有很多有助于孩子长高的微量元素，做成糊给孩子吃可有效补钙，加强营养。

黑芝麻奶冻

食材：豆浆 200 毫升，牛奶 100 毫升，黑芝麻粉 10 克，鱼胶粉 8 克，白糖适量。

做法：先将明胶片放在水中泡软，备用；将豆浆、牛奶一起倒进锅里，用大火加热，当温度达到 60℃时，取白糖放进去，搅动至完全融化。这时取明胶片，沥去水分，放进锅内搅动，然后将它三分之二的量倒在容器里，送冰箱凝固；剩下的三分之一则加入黑芝麻粉，直接调成黑芝麻糊。当冰箱内的豆浆凝固后，便将黑芝麻糊倒在上面，再次入冰箱凝固，即可食用。

功效：黑芝麻中的钙含量非常高，每克黑芝麻含 5.67 毫克钙，不但能补充钙质，还能促进肠胃蠕动功能。

增强免疫力的辅食方

免疫力是孩子身体的天然保障，有了强大的免疫力，孩子就能身体健康，不生病。而这免疫力除了有先天的不足之外，还会有因为辅食添加不当而造成的脾胃损伤。如果想要孩子免疫力强，妈妈们就要做对辅食，帮孩子增强免疫功能。在这里，我与大家分享两个非常好用的增强免疫力辅食方，希望所有的孩子都能健康强壮。

红枣小米粥

食材：小米 100 克，红枣 10 枚，红糖适量。

做法：先将小米清净一下，然后放在清水中泡半小时。再将红枣去核，与小米一起放进锅内，加适量清水大火煮开，改小火煮 1 小时。待到粥稠枣烂时，取红糖加入，要边加边搅动，不可过量。等红糖都融开，粥再次滚开之后，便可食用了。

功效：这个食方适合所有孩子使用。小米富含人体所需的多种氨基酸，红枣则能补气血，宁心神。多食用红枣小米粥，能加强人体免疫功能，促进食欲。

彩椒蛋黄派

食材：取彩椒半个（红或黄都可），鸡蛋两个。

做法：将彩椒内部的椒筋清理干净，做成一个派的托盘形状备用。将鸡蛋打在碗里，去掉蛋清，将蛋黄充分打散，用滤网直接滤进彩椒托盘中。将装了蛋黄液的彩椒放在碗内，放入蒸锅，大火蒸 10 分钟，即可出锅。吃的时候，可以连同彩椒一起食用。

功效：这个食方适合 6 ～ 12 个月的孩子，蛋黄营养丰富，能补充人体不足，彩椒的维生素含量也很多，消炎抗过敏，对孩子的抵抗能力有很大的帮助。

最补脾胃的辅食方

脾胃作为人体的后天之本，是从小就要进行呵护保养的，因此，在给孩子做辅食的时候，一定要注重脾胃的补养。当然，我们日常中所吃的食物，能补脾胃的食材非常多，只是它们对孩子的脾胃可能不合适。

这就要求妈妈们注意，孩子养脾胃，自有适合自己的食材。那这些食材都是如何做辅食的呢？

大米汤

食材：大米 20 克，鸡蛋 1 个，虾皮少许。

做法：先将大米熬成稀薄的粥，取汤备用。一般大米汤的量是鸡蛋液的两倍就可以了。虾皮要用刀剁碎，不能有整颗的虾皮在里面。将鸡蛋打在碗里，搅散之后放进温热的大米汤中，然后加入虾皮末，进行均匀的搅拌。接着取一块保鲜膜，封在碗上，放进蒸锅内，隔水蒸 20 分钟，便可出锅了。

功效：米汤又称米油，最能滋养脾胃。加上鸡蛋、虾皮的营养，有效提升食欲，可以补充人体不足与虚弱。

玉米渣小米汤

食材：玉米渣 10 克，小米 20 克，大米 10 克，冰糖适量。

做法：将玉米渣、小米、大米都淘洗干净，在锅内放冷水，用大火烧到 50℃左右，取大米和玉米渣放进去，等到玉米渣变得黏稠时，加入小米，继续煮。小米易熟，待到锅内浮出一层黏稠的油状物质时，将冰糖加入。一边煮一边搅动，直到冰糖融开。这时玉米渣已经完全变成酥软的口感，粥汤厚稠，便可以关火，焖 5 分钟再出锅即可。

功效：大米、小米、玉米都是温性平和的食材，它们熬出的细腻粥汤最能健脾养胃，经常给孩子煮来吃非常合适。

果蔬辅食这样吃孩子更喜欢

水果、蔬菜占孩子辅食的三分之一左右，可以说营养物质多从这里获取。而这样重要的食材，总会引起孩子的腻烦与挑剔，因此不爱吃，不肯吃，让妈妈们伤足了脑筋。确实，辅食果蔬就是一场创意大赛，只有做的好了，孩子才会心甘情愿地吃下去。下面看看普通果蔬的制作方法，又简单又方便，孩子还喜欢，肯定对妈妈们很有帮助。

卡通主食

食材：鱼肉、瘦肉各 30 克，米粉、胡萝卜淀粉、油、盐、葱花各少量。

做法：将瘦肉和鱼肉剁碎，然后加葱花、淀粉、油、盐进行搅拌，做成细质的馅料，放在锅内，隔水蒸一下，5 分钟就好。然后将米粉用温开水调一下，揉成小面团一样的硬度，接着将它压成圆形的面皮，取肉馅放在面皮上，对折面皮；先将面皮前面尖尖的部分压下去，再用剪刀在中间剪开，用手捏成兔耳朵的形状，切两粒胡萝卜黏在小兔的耳朵下方，作为眼睛，便成了一只活灵活现的小兔子。取做好的小兔，入锅蒸制 10 分钟，但可以出锅食用了。

适合：孩子不肯吃吃饭，好奇心又强，用这样卡通的形式来逗孩子进食最合适了。

消食饮料

食材：酸奶 100 毫升，黄瓜 20 克，橙子半只，白开水适量，麦芽 1 调羹。

做法：将橙子去皮，黄瓜也去皮，然后切成小块，一起放进榨汁机中，打成汁。接着取酸奶和麦芽一起倒进去，加少许白开水，再搅拌 1 分钟。这样便可以倒在杯子里饮用了。

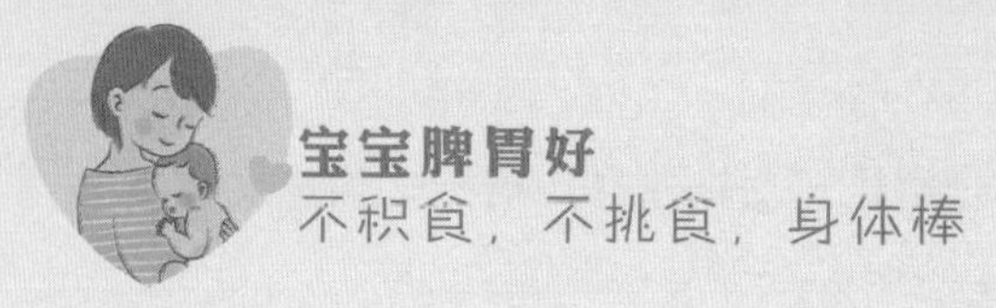

适合：不喜欢吃水果、又食欲不强的孩子，最适合喝这种消食又营养的自制饮料。

一岁孩子的营养粥制作法

一岁的孩子刚好是进食稳定、营养倍增的时候，因此对辅食的要求就会格外多一些。妈妈们想要让孩子长得快，不但要保证营养充足，还要将消化吸收考虑到。那什么样的食物才能满足这样多的要求呢？妈妈们注意了，现在就告诉大家两个合孩子口味、又保证营养的食谱。

花生酱米粥

食材：大米 30 克，花生酱 9 克，蜂蜜、牛奶各适量。

做法：先将大米浸泡一下，然后放进清水中煮制，这就是大米粥的普通煮法，不过要求大火长时间煮制，一定要让大米完全爆开，让米汤变得透明又黏稠。这时将牛奶慢慢调进去，要边调边搅动。然后将大火关为小火，继续煮 2 分钟后关火。将粥盛在碗内晾至 70℃左右，调入蜂蜜和花生酱，细细调开就可以了。

功效：大米中的氨基酸、维生素等很充分，而花生酱中又有着补充孩子大脑的营养成分，这样一份粥对孩子的营养再全面不过。

蛋黄大米粥

食材：大米 30 克，肉汤 200 毫升，蛋黄四分之一个。

做法：先将大米放进砂锅里，用心煮成糯糯的大米汤，然后将煮肉时烧好的汤加进去，一起煮到大米变黏稠。然后将蛋黄搓得细细的，慢慢搅进粥里去，盛在碗是晾温就可食用。

功效：蛋黄中的磷脂含量最多，而且铁、硫、维生素等营养物质非常多，营养是极其全面的。加在了肉汤粥里，不但易于孩子消化，还满足了孩子全面的营养所需。

两岁孩子吃什么能开胃

孩子越来越大，已经开始学得挑剔食物，再加之平时有零食补给，所以会经常对辅食有所要求。面对不肯吃东西的孩子，妈妈们是不是要头疼了？其实完全不必着急，因为孩子并没有大问题，只要做一道让孩子开胃的食物，就能轻易让孩子安心进食了。

番茄炒肉末

食材：番茄 1 个，瘦猪肉 30 克，粉皮 40 克，油、盐、葱花各少许。

做法：将瘦猪肉清洗干净，然后剁成肉末；番茄用开水烫一下，切成小片，将番茄籽轻轻剥掉；粉皮也切成小片。将油倒进锅里，炝炒葱花，然后将肉末放进去，加一点点盐，马上放进番茄翻炒。直到番茄变软之后，再加入粉皮，用大火炒透、炒熟即可食用。

功效：番茄富含维生素，其酸味促进食欲，不但营养丰富，味道也鲜美，最适合没有胃口的孩子食用。

白萝卜粥

食材：大米 30 克，白萝卜 40 克，红糖 10 克。

做法：将白萝卜去皮，然后切成小丁，放在一边备用。大米用清水淘洗，然后浸泡半小时。这时将白萝卜丁与大米一起放进砂锅中，加适量清水大火烧开，改成小火慢慢熬制半小时。取红糖放进去，轻轻搅动，待红糖融开，便可晾温食用。

功效：白萝卜有下气消食的作用，非常合适没有胃口的孩子，红糖又能补气血，因此这道白萝卜粥最能开胸健胃。

孩子补铁食疗方

给孩子补铁是辅食米粉中最早出现的营养微量元素，这是因为孩子摄食面窄，营养不完全。因此，妈妈们要细心呵护保持孩子的营养。当然，随着孩子慢慢长大，不可能总吃米粉，各类食品也开始出现在孩子的辅食当中。那么在辅食过程中，哪些食物才是最好的补铁来源？它们又该怎么做孩子才会喜欢呢？下面就和妈妈们一起分享几个补铁的食疗方，让妈妈们细心又轻松地照顾到孩子的需求。

红白豆腐羹

食材：嫩豆腐 100 克，猪血 100 克，瘦猪肉 50 克，冬笋、植物油各 15 克，白糖、酱油、盐、葱、淀粉各适量。

做法：先做准备工作，豆腐、猪血，分别都切成 1 厘米大小的方块，用热水焯一下；冬笋要切成片状，猪肉则切成细丝，葱切段。然后在铁锅内倒入植物油，加热之后放进葱段爆香，接着放适量清水，将豆腐块、猪血块、猪肉丝还有笋片都放进去，加少许酱油、白糖大火烧开。取淀粉勾芡，加盐调味，即可。

功效：这道红白豆腐羹热量很高，蛋白质充分，而铁含量更超过很多食物，给孩子补充铁元素非常实用。

黄瓜猪肝

食材：猪肝 100 克，黄瓜 50 克，黑木耳 10 克，葱、姜、食盐、白糖、植物油、淀粉各适量。

做法：先将猪肝切成 2 毫米左右的厚片，然后将它放在湿淀粉中，加少量食盐进行上浆。黄瓜切小滚刀块（不可过大）；木耳泡发之后择净，撕成小片状；葱、姜切成碎末。在锅内多加入一些植物油，等油九成热时，将猪肝放进去，轻轻搅开，有八分熟的时候马上捞出。接着将锅内植物油倒出一些，放入葱、姜末爆炒，再放进黄瓜与木耳，等到木耳发软时，加入猪肝、白糖、淀粉大火翻炒，三分钟左右即可出锅。

功效：黄瓜炒猪肝的热量相对较低，但铁含量足足有 44.2 毫克，是一道富含铁元素的营养菜，最适合孩子补铁食用。

孩子补锌食疗方

妈妈们都知道锌对孩子的重要性，缺少了它孩子可会挑食、厌食、长不胖。所以，补充锌元素对孩子的健康至关重要。那什么食物含锌量多，又如何动手制作呢？妈妈们别着急，下面我们就一起来烹饪适合孩子吸收又美味的补锌辅食。

肉菜卷

食材：白菜 50 克，瘦肉 30 克，面粉 100 克，黄豆粉 20 克，植物油、食盐、酱油、酵母粉、葱、姜各适量。

做法：先将面粉与黄豆粉混合，加入酵母粉揉成面团饧发。然后将瘦肉与白菜剁成碎末，连同葱、姜，一起放在盆中，加入食盐、植物油和酱油做成肉馅。待面团饧发好之后，压成薄薄的面片，取调的好的肉馅涂在面片上，细细的卷起来，轻轻放进蒸锅内，大火蒸 20 分钟便可出锅，然后将面卷切成小段，就能食用了。

功效：含锌量高的食物除了瘦肉之外还有豆类、白菜等，这些加在一起做成的食物，自然锌含量最足。

珍珠白玉汤

食材：面粉 20 克，虾仁 10 克，鲜贝 15 克，菠菜 5 克，葱、姜、酱油、肉末、植物油、盐各少许。

做法：将菠菜放进开水中焯一下，捞出切成小段；葱、姜切碎；虾仁、鲜贝放点儿食盐和酱油进行腌渍。然后在锅内加油，烧热之后放肉末煸炒，等到肉末发白时放葱、姜碎以及酱油和清水。这时在面粉内加清水，用筷子搅拌，要边加水边搅动，直到面粉变成一粒粒的小疙瘩。等锅内水滚开后，将虾仁、鲜贝以及面疙瘩都放进去，煮开，再放菠菜，稍煮一会儿就可以吃了。

功效：海产品中锌含量最高，而且可以提鲜，做成汤汤水水的辅食即促进孩子食欲，又易于孩子吸收和消化。

孩子贫血食疗方

贫血是对孩子成长极为不利的问题，而孩子所吃的食物又往往过于精细，这就容易造成不同营养元素的缺失，从而面色苍白，贫血。这时妈妈们可不要着急地跑医院，因为孩子吃的那些食物中就有着很好的补血元素，它们比吃药可有效的多了。不相信的话，就按照下面的方法做给孩子吃，用不了多长时间，你的孩子就会面色红润，有精神。

美味肉丸

食材：瘦肉60克，鸡蛋1个，胡萝卜20克，熟黑芝麻10克，淀粉、植物油、白糖、醋、酱油、姜、盐各适量。

做法：先将瘦肉洗净，然后剁成肉泥，放在大碗内；胡萝卜放在锅内蒸一下，然后用刀压成泥状，和肉放在一起；把姜拍碎，用力挤压姜汁，滴在肉泥中。鸡蛋取蛋液倒进肉泥，再将淀粉、食盐一起放入，搅匀，团成一个个鱼丸大小的丸子，在上面撒黑芝麻。这时开油锅，待油八成热时，放入肉丸炸至金黄捞出。然后在另一个锅内，加少许油，放进白糖、醋、酱油调成酸甜汁，浇在肉丸上便可以吃了。

功效：美味肉丸口感酸甜，蛋白质丰富，含补血必需的铁元素，用来改善孩子贫血最合适。

香椿煎豆腐

食材：香椿苗50克，豆腐200克，花生油、酱油、白糖、淀粉、盐各适量。

做法：豆腐切成长3厘米、宽1厘米的长条状，放在热水中焯一下；香椿苗择净，进行焯水，要迅速捞起，放进冷水中浸凉，再沥去水分，将它切成碎末。锅内加花生油，待油八成热时，将豆腐轻轻地放进去，两面都煎至发黄，然后放酱油、白糖以及食盐，小心翻炒一下，倒入香椿末，用淀粉勾芡，稍翻炒即可出锅。

功效：这是一道热量低、但含铁丰富的美食，对孩子贫血有明显改善作用。

孩子长高这样吃

孩子长的高不高，一般在六岁之前是一个关键期，这一时期内只要营养跟得上，孩子身体健康，成长发育就不会成问题。不过妈妈们可能不知道，在促使孩子长高的营养中，有一个最重要的元素，那就是蛋白质，它是刺激人体生长激素分泌的物质。因而，妈妈们在给孩子补充营养的时候，一定要多让孩子摄食蛋白质才行。现在，我就将两个含高蛋白质的美食方告诉大家，妈妈们快点儿动手帮自己的孩子长高吧。

鸡肉粥

食材：糯米 40 克，鸡脯肉 30 克，洋葱、胡萝卜、蘑菇各 10 克，盐少许。

做法：糯米要放在清水中浸泡半小时；鸡肉放进冷水中，大火煮熟，然后撕成小块备用；鸡肉汤不要丢掉，直接放入泡好的糯米煮粥。这时再将洋葱、胡萝卜、蘑菇切成小丁状，在米粥滚开之后放进去，一边煮一边搅动，直到这些食材都煮得酥烂时，便加入鸡肉，用小火慢煮 10 分钟，加盐调味即可。

功效：这道鸡肉粥不但蛋白质丰富，而且富含维生素，适合没有食欲的孩子。

鸡蛋羹

食材：鸡蛋 2 个，瘦肉 20 克，胡萝卜 10 克，香葱、盐、麻油各适量。

做法：将鸡蛋打在碗中，然后加小半碗凉白开水，放少许盐进行搅拌；这时把瘦肉剁成肉泥，胡萝卜切成细末，香葱切碎，一起放进鸡肉液中，放在蒸锅内大火蒸 15 分钟，出锅时淋上少许麻油即可。

功效：鸡蛋、瘦肉富含蛋白质，胡萝卜则多维生素，这样的吃法既

营养又能帮孩子长高。

适合孩子吃的零食

零食是每个孩子都喜欢的食物，不过外面卖的零食可不一定让人放心，妈妈们如果能自己动手，为孩子制作几样健康又美味的零食，对孩子来说就再理想不过了。只是，零食说起来简单，做起来可不容易。妈妈们往往费力做了半天，可要孩子却完全不买你的账。这可怎么办呢？不用担心，现在我就一步一步教大家做孩子绝对喜欢、又富含营养的零食。

鸡蛋布丁

食材：鸡蛋 2 个，奶粉 20 克，白糖、温开水各少许。

做法：先将鸡蛋打在容器内，尽力打散；然后把奶粉（如果没有奶粉，可用牛奶代替，但配方奶粉营养好，不怕高温，因此最好用配方奶粉）倒在碗里，加入白糖，再倒少许温开水搅匀；轻轻地从容器边缘倒进鸡蛋液中，稍加搅拌。将搅好的蛋液放在蒸锅上大火蒸 10 分钟，便可直接食用了。

功效：鸡蛋布丁无不良添加，口感又 Q 弹滑爽，给孩子当零食吃最健康了。

红豆双皮奶

食材：牛奶 400 毫升，白糖 40 克，蜜红豆 20 克，鸡蛋 2 个。

做法：将鸡蛋打开，不要蛋黄，只取蛋液打散；然后将牛奶倒在一个容器内，放在锅内隔水加热，等到牛奶蒸开之后，关火放凉。这时牛奶上面会结出一层奶皮，用牙签轻轻在边上划开一个小口，小心地将牛奶倒在大碗里，留下奶皮在原来的容器中。接着将蛋液和白糖倒进大碗中的牛奶里，充分搅匀，之后再将它们倒回装奶皮的容器里去，用保鲜膜封在上面，直接放进蒸锅小火蒸 10 分钟，关火后焖 3 分钟便可出锅，待到牛奶冷却，加入蜜红豆即可食用了。

功效：红豆双皮奶口感细滑，营养丰富，而且食材放心，给孩子当零食来吃特别合适。

有助于乳牙生长的纤维食物

孩子的第一颗牙齿基本在 7 ～ 8 个月的时候萌出，要一直到 2 ～ 3 岁的时候全部长齐。而在长牙齿的这段时间里，家长应该多为孩子准备一些富含纤维的食物，来促进孩子牙齿的正常生长。粗纤维的食物虽然很多，但并不一定符合孩子的脾胃，因此，在选择和制作的时候要格外担心。在这里，我要告诉大家两个富含粗纤维对孩子又适合的辅食方，妈妈们可要注意看。

西红柿燕麦粥

食材：燕麦片 20 克，西红柿、鸡蛋各 1 个，橄榄油少许。

做法：将鸡蛋打在碗中，尽量打散；然后把西红柿放在开水中烫一下，去皮，将西红柿籽去掉，用刀压制成泥状。在锅内加少量橄榄油，放进西红柿泥炒制，直到西红柿变成沙状，关火。这时取一个锅，加入一碗清水烧开，然后将鸡蛋液倒进去，充分搅开；取炒好的西红柿泥和燕麦片一起放入，大火煮 3 分钟，然后关火焖 2 分钟即可。

功效：燕麦是粗纤维的食物，可促进孩子牙齿的咀嚼摩擦，同时增加肠胃蠕动，而西红柿则增加孩子食欲。

蒜蓉南瓜

食材：南瓜 300 克，大蒜 3 瓣，植物油、食盐、糖各适量。

做法：将南瓜去皮、籽，洗净，切成 1 厘米长短的条状；大蒜拍碎，剁成蒜蓉；在锅内加植物油，等油八成热时，取蒜蓉放进去，稍爆炒一下，马上放进南瓜，大火翻炒。然后取半碗水加进去，放点儿盐，大火烧熟，等南瓜完全熟透之后，放入少量白糖，翻炒一会便可以出锅了。

功效：南瓜是富含纤维的食材，而且所含其他营养元素也很充分，经常给孩子吃能增强脾胃健康，促进牙齿萌出。

孩子软饼制作花样多

在孩子的辅食中，面食是很常见的类型，用来做发酵馒头之类都很不错。但孩子的口味要经常调换，这样才能让他们保持食欲。那么几款不同花样的软饼就必不可少了，妈妈们有没有为此花过心思呢？今天就一起来学习软饼的制作吧，方法简单，制作方便，而且营养还齐全，实在太适合孩子的口味了。

土豆软饼

食材：土豆 200 克，瘦肉末 50 克，豆角 30 克，面粉 20 克，鸡蛋 1 个，盐、油少许。

做法：先将土豆洗干净，放在锅里煮熟，煮透之后晾一下，压成土豆泥。将豆角放进开水中焯一下，切成碎末。然后将鸡蛋放进面粉中，和土豆泥一起搅匀，接着将豆角碎末和瘦肉末一起放进去，调成软硬适度的糊状。这时在锅内加少量的油，烧热之后舀一勺调好的糊倒进去，缓缓地转动锅子，让面糊慢慢摊开。最好不要翻动，因为容易碎开，直到下面完全结在一起，成熟时可翻一下，稍煎一会儿就好了。

奶酪软饼

食材：面粉 60 克，玉米粉 30 克，鸡蛋 1 个，包菜 20 克，奶酪、盐适量。

做法：将鸡蛋打在碗里，充分打散；奶酪切碎备用；包菜切成细细的丝状，然后与面粉、玉米粉、盐一起混合，加清水搅成薄厚合适的糊状。接着将不粘锅稍加热之后，舀一勺面糊加进去，轻轻旋转锅子，将面糊旋开，然后撒一点儿奶酪碎在上面；等到奶酪碎融开了，可以将饼翻一面，这样两面煎熟便能吃了。

软饼口感软，容易消化，同时在里面可添加不同的食材，以改善孩子挑食的问题。这样做出来的辅食就比单一的馒头更有营养。

能治病的营养食谱

孩子便秘时，可以给孩子做一道草莓红薯泥

食材：红薯 20 克，草莓 10 克，牛奶 30 毫升，蜂蜜少许。

做法：将红薯去皮，切成薄片，放在锅中，隔水蒸熟；然后取出来放在碗内，用调羹捣成泥状，捣好之后加适量的牛奶进去，以红薯的软硬度为准，不一定将 30 毫升都加进去。调好红薯泥，取洗净的草莓，切成小片状，放在红薯泥上，淋蜂蜜，便可食用了。

功效：红薯是粗纤维食物，可促进孩子肠胃的蠕动，同时加了水果与蜂蜜，则对便秘有更好的辅助作用。给孩子一天吃 1 ～ 2 次即可，吃太多会容易胀气。

孩子发热，体温高，不如给他做份白菜绿豆饮

食材：白菜根 3 个，绿豆 20 克，白糖少许。

做法：绿豆洗净，放在水中泡两小时，然后放进锅中大火煮开，改小火慢煮；接着将白菜根洗净，切成薄片，等到绿豆煮至八分熟时，放入白菜根，继续大火煮制。直到绿豆完全开花，菜根也变得酥烂时，加入白糖调匀就可以了。

功效：白菜根中的维生素含量极高，而且性质微寒，最能除热，利小便，清肠道；而绿豆也有解毒祛热的效用。两者合食不但清香略甜，而且能轻松去热，降体温。

孩子拉肚子是常见病，遇到这样的问题，就要豌豆糊来帮忙了

食材：豌豆 10 克，高汤 30 毫升。

做法：将豌豆泡在水中，浸泡一段时间，然后取出来大火煮熟，煮好之后直接用钝器捣成泥状，然后用纱布滤去豌豆皮。这时将高汤放进锅中，煮开，加入豌豆泥，煮开之后再煨制 5 分钟即可食用。

功效：豌豆中的蛋白质、维生素等含量很高，对腹泻有很明显的治疗作用。将豌豆做成汤来食用，刚好有利于解决孩子拉肚子的问题。

吃这些孩子更聪明

食物的功能肯定不只是用来饱腹的，聪明的妈妈都知道，给孩子吃得好、吃得对，就能促进他的身体发育，大脑成长。所以，日常中哪些食物是用来长智力的，哪些食物又是用来长身体的，妈妈们可要成功驾驭，每日汲取了。日常所见的大豆、胡萝卜、番茄、花生、小米、洋葱等等食物，都有促进孩子智力增长的功能，而且做起来也非常简单，真

正有益于孩子成长又聪明；妈妈们快点儿学起来吧。

鱼泥胡萝卜

食材：青鱼肉 30 克，胡萝卜 20 克，高汤适量。

做法：将鱼肉清除鱼刺备用，胡萝卜加适量水，煮熟；然后将煮熟的胡萝卜与鱼肉一起加入料理机，打成泥状，加入高汤搅拌均匀，接着放进锅中进行熬煮，待到鱼泥和胡萝卜滚开，变成糊状，即可食用。

功效：补充微量元素锌以及蛋白质等营养，能养胃、益智、促吸收，特别适合一岁以下的儿童。

肉末番茄豆腐

食材：豆腐 100 克，猪肉末 20 克，番茄 1 个，葱、盐、淀粉、植物油适量。

做法：将葱切成碎末，番茄切成小块；在锅中加少量植物油，油加热后放进猪肉末，翻炒至肉末变白，然后放进番茄，大火炒制，直到番茄变成泥状。取豆腐放入锅内，加葱花、淀粉炒制成熟即可。

功效：豆腐中的谷氨酸含量极高，能有效促进大脑的智力发育，适合一岁以上的孩子食用。

鸽蛋益智汤

食材：鸽子蛋 20 枚，桂圆、枸杞各 20 克，葱、姜各 5 克，盐、胡椒粉、香菜各适量。

做法：将桂圆去皮和核，与枸杞一起洗净，然后切成碎末；将葱切成小段，姜切成片；鸽子蛋直接煮熟，去壳备用。切好的枸杞、桂圆末以及葱姜，加适量清水煮开，小火煨制 15 分钟，加入鸽子蛋，再放胡椒粉、盐以及香菜便可食用。

功效：此汤益气补血，提神醒脑，最能增长智力，有益于孩子的大脑发育，适合 3 ～ 6 岁儿童食用。

促进消化的食疗方

想要孩子不积食，最好的方法莫过于不让他胃内存食。因此，那些能促进孩子消化吸收的食物就成了妈妈们必需的选择。那么，在生活中，哪些食物对孩子的消化功能好，怎么吃才可以让孩子胃内不存食呢？简单的小小食疗方就可以帮助你，妈妈们快动手帮孩子制作吧。

木瓜炖银耳

食材：木瓜 50 克，银耳 5 克，冰糖适量。

做法：将银耳放进清水中浸泡 2 小时，然后去除根蒂，撕成小朵，放进锅中加清水炖煮，直到银耳变得软糯。此时，将木瓜去皮、去瓤，切成 1.5 厘米左右的小块，加入银耳中，放适量冰糖，大火烧开之后，小火再炖半小时，便可食用。

功效：木瓜含丰富的木瓜酶，能润肤，能除体内淤积；而银耳强精益胃，有助脾胃消化。

玉米排骨粥

食材：大米 100 克，排骨 300 克，玉米仁 50 克，葱花、盐适量。

做法：将大米、玉米仁洗净备用，将排骨进行焯水，然后撇去血末，大火进行煲制，等到排骨汤煮沸之后，加入大米，一直煲 45 分钟，这时加入玉米仁，待玉米仁变得软糯，取盐和葱花调味，便可食用。

功效：此粥不但营养丰富，而且能健脾养胃，增强消化功能，适合成长中的孩子经常食用。

番茄猪肝泥

食材：猪肝 20 克，番茄 80 克。

做法：先将番茄用开水烫一下，然后去掉外皮，直接捣成泥状；猪肝洗净，清理掉筋膜，细细斩成碎末。然后将番茄与猪肝混在一起，调匀，放进蒸锅蒸制 5 分钟时间，用调羹搅碎食用即可。

功效：猪肝中微量元素丰富，与番茄一起食用，不但能增加营养，而且能改善食欲，促进消化，最适合 1 岁以下的孩子食用。

第七章　巧手厨娘，为孩子补充必需营养素

补充蛋白质：促进孩子肌肉增长

生理功能

蛋白质是人体肌体细胞的重要组成部分，我们的心、肝、肾、肺等脏器的主要成分便是蛋白质。人的生长、发育、消化、呼叫、身体新陈代谢等，都离不开蛋白质的作用；特别是1岁以下的孩子，蛋白质充足与否将直接关系其发育生长和智力完善。

食物来源

黄豆、鸡肉、鸡蛋、花生、牛奶、牛肉、猪肝、蚕豆、豆腐皮、海参、猪皮等。

缺乏症状

精神状态不佳、皮肤干涩、身体功能下降、注意力不集中、免疫力低、容易紧张，还会有白发早生、心力衰弱等症状。

营养食谱

现榨豆浆

食材：黄豆 50 克，白糖适量。

做法：

1. 将黄豆隔夜浸泡（如果豆浆机可磨干豆，则无须浸泡），清洗干净，加入适量清水直接打浆。

2. 将豆浆放进锅子内进行小火慢煮，至豆浆煮熟加入白糖调匀即可。

功效：黄豆中的蛋白质含量极高，每 100 克黄豆中含有 3.5 克蛋白质，最能调和身体机能平衡、滋养脏腑。另外，黄豆中除了蛋白质之外，更有钙、铁、磷、维生素、大豆皂甙以及异黄酮、卵磷脂等保健因子，适合为孩子补充蛋白质的同时，有效提高孩子身体各项机能，增强抵抗力。

鲜甜莲藕汤

食材：新鲜莲藕 300 克，小排骨 400 克，大骨汤 2 000 毫升，姜、葱、盐、胡椒粉各适量。

做法：

1. 将新鲜莲藕刮去外皮，洗净，随意切成小块；将姜切成小片，葱切小段备用。

2. 将小排骨洗净，焯水，然后与大骨汤一起倒入锅中，加入姜片、葱段，大火煮开，再放进莲藕继续大火煮沸，改小火炖制 2 小时；用盐、胡椒粉调味即可。

功效：莲藕和小排骨中的蛋白质以及维生素含量都很高，而且两者能一起发挥功效，促进身体细胞的生成。因此，常食莲藕不仅能强健胃黏膜还能减轻肠胃负担，更能补充蛋白质。对于处于成长发育中的孩子来说，莲藕是最合适滋补身体的食物之一了。

松子豆腐

食材：豆腐 400 克，松子仁 40 克，高汤 200 毫升，葱、盐、植物油、糖各适量。

做法：

1. 将豆腐切成 2 厘米左右的小块，放进开水中焯一下捞出，沥去水备用；将葱切成末。

2. 取平底锅，加入少量植物油，油烧至六成热时，将豆腐小心放入，煎至金黄色盛出；放进松子仁翻炒一下备用。

3. 在炒锅中加油，然后放葱花爆香，直接倒入煎好的豆腐，加高汤、盐和糖烧制，等汤差不多烧干时，撒松子仁便可出锅了。

功效：豆腐是高蛋白、低脂肪的食物，每 100 克豆腐中蛋白质的含量为 8.1 克，可以直接与牛奶相媲美。而且豆腐有补益清热的功效，对肠胃不好、体内多热的孩子很适合，能非常有效地帮助消化，增加食欲。松子豆腐适合 3 岁以上的孩子食用，可防止蛋白质不足、钙量缺失。

补充糖类：让孩子充满能量

生理功能

食物中的糖类元素是人体重要的能量来源，它能够产生热量，及时供应能量，从而为孩子提供所需能量。不仅如此，糖还有助于人体的消化吸收，令机体细胞增强生命活力。摄入体内的糖类还能利用蛋白质进行合成和代谢，让蛋白质减少消耗。因而，糖类是孩子成长过程中不可或缺的营养物质。

食物来源

甘蔗、萝卜、大米、小麦、红薯、大枣、蜂蜜、甜菜、桂圆、枸杞等。

缺乏症状

心悸、无力、出虚汗、面色苍白、恶心呕吐；如果缺糖严重，则会有意识模糊、肢体瘫痪、昏迷等症状。

营养食谱

红薯蛋黄粥

食材：红薯 20 克，蛋黄 1 个，大米 30 克。

做法：

1. 将大米洗净，红薯去皮，切成小块，一起加适量清水煮粥；将蛋黄压成泥，备用。

2. 当大米煮到稠糯时，用力将红薯捣成泥状，然后将蛋黄泥放进去，小火慢煮，直至三样食材混合，即可食用。

功效：红薯是富含糖类且具有粗纤维的食物，而蛋黄中则有很丰富的氨基酸，两者共同作用，不仅口感丰富，营养还充足，最适合 1 ～ 3 岁的孩子食用；补充糖类的同时，也增强身体机能。

五彩饭

食材：大米 30 克，甜玉米 10 克，豌豆 20 克，虾皮 15 克，胡萝卜 1 根，白糖、酱油各少许。

做法：

1. 将大米洗净，胡萝卜切成玉米粒状的小丁，虾皮、玉米和豌豆清洗干净备用。

2. 将除白糖和酱油之外的所有原料放进电饭煲中，加适量清水蒸制；待米饭熟时，趁热加入白糖和酱油进行调味，再盖盖子焖一会儿便可以了。

功效：五彩饭中用料丰富，口感鲜、甜，色泽诱人，对孩子来说既然有营养又能提升食欲。五彩饭不仅可保持营养还能充分调动孩子胃口，促进消化功能，适合 3 ～ 7 岁的孩子食用。

苹果香蕉糊

食材：苹果、香蕉各 50 克，牛奶 150 毫升，玉米面 10 克，白糖少许。

做法：

1. 苹果去皮，切小块，香蕉去皮，切段，一起打成泥状。

2. 将牛奶倒入锅中，加苹果、香蕉泥和玉米面，调匀加热，边煮边搅动，快熟时再加入白糖，稍调和一下即可。

功效：苹果和香蕉中的糖类都很多，而且口感、气味又好，加之牛奶的营养，特别有益于孩子的肠胃；适合 6 ～ 12 个月的孩子食用，可有效保证营养，提高身体素质。

合理摄入脂肪：过多过少都会影响孩子健康

生理功能

脂肪是维持人体正常存在的必需能量物质，它能释放热量，吸收维生素。适量的脂肪还可防止人体热量散失以及外界辐射的入侵，同时能有效防止神经末梢、内脏以及血管的磨损和撞击。对所有人来说，身体脂肪过多有害身心，但过少也会造成病症。

食物来源

油类：麻油、猪油、菜油、豆油等。肉类：鸡、鸭、猪、牛、羊等。蔬果类：核桃、芝麻、花生等。

缺乏症状

营养不良、生长迟缓、头发干枯、皮肤干燥、脱发、眼睛干涩等，长期脂肪缺乏还会造成维生素 A 的不足。

营养食谱

核桃仁粥

食材：核桃仁 30 克，大米 60 克。

做法：

1. 核桃仁研成小碎块，和大米粒相似就好；将大米淘洗干净，直接加清水煮粥。

2. 待到大米煮开之后，加入核桃仁碎，一起小火慢煮半小时，直到粥变得稠糯即可直接食用。

功效：核桃仁中的脂肪含量很丰富，有健脑、补肾的作用；经常食用可补充身体脂肪含量，有益于睡眠。同时，还能帮助二便顺畅，适合 2 岁以上的孩子食用。

虾仁炒芹菜

食材：芹菜 200 克，虾仁 50 克，猪油、盐、味道各适量。

做法：

1. 芹菜去掉叶子，清洗干净，然后切成 2 厘米左右的小段，放进开水中焯一下，迅速捞出备用。

2. 将虾仁处理干净，然后取猪油放在锅内加热，待猪油融开，放进虾仁翻炒成红色，便放芹菜下去，加盐和味精一起翻炒一会儿，就可食用了。

功效：虾仁本身脂肪含量不高，但能满足孩子日常所需的量，同时芹菜有清热的作用，可帮助孩子消胃火、消化。身体虚弱、大便秘结的 6 岁以上的孩子，都可放心食用。

肉末豆腐羹

食材：嫩豆腐 300 克，肉末 100 克，酱油、麻油、香菜、淀粉、盐、植物油各适量。

做法：

1. 在锅内加入适量植物油，然后放肉末进行煸炒，等到肉末变成白色，便加酱油、豆腐、清水一起煮制。

2. 当豆腐充分煮透之后，加盐和淀粉调匀，然后倒入麻油和香菜，便可出锅食用。

功效：这道菜脂肪含量中，营养成分却很高，有非常优质的蛋白质、B 族维生素及矿物质，最能健脑益智、营养身体；适合食欲不强、消化不好的 3 岁以上的孩子食用。

补充维生素 A：促进孩子视力发育

生理功能

维生素 A 是人体细胞代谢和亚细胞结构必需的物质元素，它最大的作用在于促进人体生长发育，维持正常的视觉能力。这是因为维生素 A 是构成视觉细胞内感光物质的原料，缺乏它视力就会造成视觉减退。除此之外，维生素 A 还能维护骨骼和嗅觉的正常作用，增强机体抗感染的功能。

食物来源

蛤蜊、鱿鱼、鲫鱼、牛奶、小白菜、红薯、西红柿、油菜、马兰头、大葱、胡萝卜、菠菜、猪肝等。

缺乏症状

腺体分泌减少、皮肤干燥、脱屑、呼吸道不畅、眼睛视力低下等。

营养食谱

胡萝卜炒肉

食材：瘦肉200克，胡萝卜100克，葱花、植物油、盐、鸡精各适量。

做法：

1. 将胡萝卜洗净，切成丝状；将瘦肉清洗一下，也切成细丝备用。

2. 在锅内加入适量植物油，油升温至七成热时，将肉丝放进去，滑炒至肉丝成熟；然后加入胡萝卜丝，翻炒至胡萝卜丝变软，便可加葱花、盐和鸡精进行调味，即可出锅。

功效：胡萝卜中的维生素A含量非常多，通过炒制能充分释放出来；与肉丝一起食用，不仅补充维生素A，更能保证身体所需的营养及蛋白质；适合3～6岁的孩子经常食用。

蛋皮肝泥卷

食材：鸡蛋1个，猪肝20克，菠菜20克，盐、油、淀粉、葱花、姜末各适量。

做法：

1. 将鸡蛋打在碗中，进行充分调匀备用；将猪肝切片，焯水之后剁成泥状；菠菜也用开水烫一下，剁成菜泥，与猪肝混合，加葱花、姜末、盐拌匀。

2. 将鸡蛋液在锅中摊成薄薄的蛋皮，然后将猪肝菠菜泥放进去，卷成条状，用淀粉抹边；然后放进锅内，加少量油煎熟；最后切成小段即可。

功效：蛋皮肝泥卷中维生素含量极高，同时又兼具铁、锌等微量元素，口感香软，能明目、补血，促消化；适合1～3岁的孩子食用。

海米炒菠菜

食材：菠菜 200 克，海米 20 克，猪油、盐、葱花、鸡精各适量。

做法：

1. 将菠菜择净、清洗，放进开水中焯一下，立刻捞出，控净水分，然后切成 3 厘米左右的长段备用。

2. 锅内加猪油，加葱花爆香，接着放海米和菠菜一起翻炒，然后加盐、鸡精调味，成熟后便可装盘食用。

功效：这道菜是结合了维生素、脂肪、胡萝卜素等营养物质的营养菜肴，味道清爽，营养成分高，可有效缓解眼睛干涩、皮肤燥裂的症状；3 岁以上的孩子都可经常食用。

补充维生素 C：提高孩子的免疫力

生理功能

维生素 C 是一种水溶性维生素，又叫作抗坏血酸，它的功效非常强大，不仅是天然的抗氧化剂，还能止泻、退烧、改善便秘，提高细胞的活力，延缓机体衰退。因此，维生素 C 最明显的作用就是增强免疫力，减少自由基对身体的伤害。同时，它促进骨骼生长，加速胆固醇代谢的能力也很强，是非常好的保健营养成分。

食物来源

青椒、黄瓜、番茄、西兰花、韭菜、猕猴桃、山楂、柚子、橘子、甜橙、柠檬等。

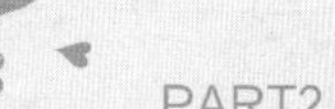

缺乏症状

牙龈出血、发炎、肿痛、腹泻呕吐、食欲不强、容易激动、精神倦怠、体重减轻等。

营养食谱

糖拌西红柿

食材：西红柿 200 克，白糖 30 克。

做法：将西红柿洗干净，然后放进开水中烫一下，将外皮撕下；接着切成菱形小块，摆放在盘中，直接撒上白糖，即可食用。

功效：西红柿中的维生素 C 及维生素 A 都很充足，同时更富含糖类、胡萝卜素、钙磷等营养成分，能提升人的食欲，促进脂肪排放；适合肥胖、食欲不佳的孩子食用。

圆白菜汁

食材：圆白菜 100 克，苹果 100 克，蜂蜜适量。

做法：将圆白菜、苹果清洗干净，然后切成小块，一起放进榨汁机中，榨出果汁之后，加入适量的蜂蜜进行调和，直接饮用即可。

功效：圆白菜味甘性平，可养脾胃，又能补骨髓、强筋骨，其维生素 C 的含量高，有益于身体虚弱的人群，可预防感冒，缓解胃热，治疗口腔溃疡；适合体热虚弱、睡眠不佳孩子。

鲜榨橙汁

食材：鲜橙 1 个，温开水半杯。

做法：将橙子从中间横向切开，然后用小勺子取出果肉，放进榨汁机中，然后加入温开水，直接打成汁饮用即可。

功效：橙子中的维生素 C 和胡萝卜素含量最高，能促进血液循环，预防感冒，增强抵抗力。同时，鲜橙中的酸味有利于消化，增强食欲；适合食欲不强、身体虚弱、消化功能差的孩子。

补充 B 族维生素：使食物释放能量

生理功能

B 族维生素不但能促进其他营养元素的生成和吸收，而且能让食物中的能量得到充分释放。因此 B 族维生素有着共融的现象，可与其他元素共同发挥作用，调节人体新陈代谢，维持肌肉和皮肤的健康。B 族维生素还可以促进人体细胞分裂，从而增强免疫系统和神经系统的功能。

食物来源

猪肉、大豆、花生、小麦胚芽、黑米、火腿、牛肝、鸡肝、牛奶、胡萝卜、香菇、鸡蛋、鱼类等。

缺乏症状

口腔溃疡、眼睛不适、发质枯黄、指甲脆软、贫血、失卢、皮炎、脚气、食欲不振、胃肠功能紊乱、生长发育迟缓等。

营养食谱

黑米粥

食材：黑米 50 克，大米 30 克，红枣 10 枚。

做法：

1. 将黑米、大米淘洗干净，沥干水分备用，红枣泡发，去核备用。

2. 将黑米和大米一起放进煲内，加适量清水，煮开之后改小火，慢煲半小时，然后加入红枣，继续煲煮半小时，待红枣传出香甜气味时便可以了。

功效：黑米中的 B 族维生素最为丰富，可以开胃益中，健脾明目，加之红枣的功效，更能活血养肝；适合肠胃震动慢，有便秘、贫血的孩子以及想要滋补身体，增强体质的孩子。

栗仁羹

食材：栗子 200 克，蛋黄 1 个，藕粉 50 克，冰糖适量。

做法：

1. 将栗子去壳，栗子肉压成碎泥状备用；煮熟的鸡蛋去蛋白，将蛋黄捣成泥；藕粉加清水，调匀。

2. 在锅内加入清水，放适量冰糖，煮开之后放栗子泥，慢慢搅动，至水滚开之后调入藕粉；当栗子泥变成稠状时，取蛋黄泥撒上去即可。

功效：栗子与蛋黄是富含 B 族维生素及其他微量元素的食物，最能健脾气、强筋骨；适合腿软无力、胃口不好的孩子。

豆浆玉米浓汤

食材：玉米仁 50 克，鸡蛋 1 个，豆浆 500 毫升，胡萝卜 1 根。

做法：

1. 将胡萝卜洗净，切成玉米仁大小的丁状，然后将鸡蛋打在碗中，充分搅匀备用。

2. 将豆浆倒入锅中，加热煮开，然后放进玉米和胡萝卜丁，小火慢煮，直到胡萝卜熟透；然后把鸡蛋液淋进去就可以了。

功效：豆浆玉米浓汤营养丰富，可促进肠胃的消化能力增强，同时补充身体所需维生素，能调节身体新陈代谢功能；适合身体生长缓慢、脾胃状态不佳的6岁以上的孩子。

补充维生素D：帮助钙、磷的吸收

生理功能

维生素D还有一个名字，叫作钙化醇，因此，其对人体钙、磷的吸收有很强的促进作用，能使血浆钙和血浆磷的水平达到饱和，从而保证孩子骨骼、牙齿的健全与充分。同时，维生素D还可以让血液中的柠檬酸盐水平维持正常，加强人体的健康状态。

食物来源

鲔鱼、牛奶、乳酪、沙丁鱼、鱼肝油、鲱鱼等。

缺乏症状

儿童佝偻症、发育不良、矮小、代谢功能不强等。

营养食谱

清蒸鳕鱼

食材：银鳕鱼 300 克，盐、料酒、豉油、葱、姜、胡椒粉各适量。

做法：

1. 将银鳕鱼洗干净，沥干水分放在盘中，然后将葱切成小段、姜切成片放在鳕鱼上，撒少许盐，倒料酒和豉油、胡椒粉进行腌渍。

2. 15 分钟后，将腌好的鳕鱼直接放进烧开的蒸锅中，隔水大火蒸制 8 分钟，便可出锅食用。

功效：鱼肉细嫩、营养价值极高，可有效补充维生素 D，适合食欲不强、身体瘦弱的 1 岁以上的孩子在冬季经常食用。

鸡肝糊

食材：鸡汤 150 毫升，鸡肝 15 克，酱油少许。

做法：

1. 先将鸡肝洗净，然后放进开水中焯一下，再大火煮制 10 分钟；熟透之后，切成碎末，放在碗中备用。

2. 将鸡汤放进锅内，然后倒入切好的鸡肝，大火煮开，小火慢熬至鸡肝成为糊状，加少许酱油调味，便可食用。

功效：富含维生素 D、钙、铁、磷及 B 族维生素，营养丰富；适合代谢慢、消化不好的 1 ～ 3 岁体弱的孩子经常食用。

牛奶蛋

食材：牛奶 150 毫升，鸡蛋 1 个，白糖适量。

做法：

1. 将鸡蛋打开，分离蛋白与蛋黄，把蛋白液进行调和，直至起泡备用。

2. 牛奶倒在锅子里，加入蛋黄和白糖，调匀小火煮制 5 分钟，用调羹一点一点舀蛋白放进去，边放边慢慢搅动，直到完全调尽，稍等片刻便可食用了。

功效：牛奶蛋含有丰富的维生素 D 及其他营养成分，能促进大脑、骨骼的发育成长，适合 10 个月以上的孩子在春季身体生长时食用。

补充维生素 E：让孩子少生病

生理功能

维生素 E 一直有“人体护卫大使”的称谓，对细胞膜和细胞内脂的稳定作用很强，充足的维生素 E 可以抵制自由基的生成，从而提高身体的机体能力，不仅抗氧化还抗疲劳，让人少生病。特别是儿童群体，对维生素 E 尤其敏感，一旦缺乏便有神经方面的症状产生。

食物来源

莴笋、柑橘、卷心菜、瓜子、蛋黄、玉米、瘦内、大豆、核桃、牛奶、肝脏、奶油、麦芽等。

缺乏症状

代谢变慢、中枢神经经紊乱、皮肤暗沉、起斑等。

营养食谱

牛奶小馒头

食材：面粉 250 克，牛奶 100 毫升，白糖 25 克，酵母 2.5 克。

做法：

1. 将酵母用温水融开，然后把面粉倒在盆中，加白糖和牛奶以及酵母水揉成面团，发酵 30 分钟。

2. 等面团发好之后，反复揉匀，可用擀面棍来回擀压，最后做成直径 3 厘米左右的面卷，切成小块；入蒸笼大火蒸制 10 分钟，再静置 10 分钟便可出锅了。

功效：发酵小馒头松软、清香，入口回甜，含有适量的营养，又易于消化；适合给肠胃不好、消化力弱的孩子做主食。

麦仁粥

食材：麦仁 50 克，红枣 10 枚，冰糖适量。

做法：

1. 将麦仁放进清水，浸泡 1 小时以上的时间，然后清洗红枣，去核备用。

2. 将泡好的麦仁放在煲中，加入枣和适量清水，大火煲开，小火煲制 30 分钟，放进冰糖，继续大火煲制，直到麦仁软烂、粥汤浓稠便可食用。

功效：麦仁中含有很充足的维生素 E 成分，同时又属于粗粮，可帮助肠胃蠕动；适合气虚、胃腻不消化的 6 岁以上的孩子食用。

杏仁牛奶

食材：杏仁 50 克，奶粉 30 克，冰糖适量。

做法：

1. 先将杏仁泡在清水中，一小时后把泡发的杏仁皮去掉，然后放进锅子中，与适量冰糖一起煮熟备用。

2. 用煮杏仁的水，将奶粉调开，接着取煮好的杏仁放进榨汁机，加奶粉一起打汁；之后用纱布过滤，便可饮用。

功效：杏仁牛奶口感甜细，营养丰富，可以补充维生素 E，调理阴虚等症，适合 1 岁以上、皮肤干燥、起屑的孩子饮用。

补充维生素 K：促进血液凝固

生理功能

维生素 K 堪称止血剂，它的凝血因子 γ—羧化酶的辅酶是人体不可缺少的元素，否则人会因出血不止而死。同时，维生素 K 与蛋白质相作用，有效调节骨骼中磷酸钙的合成，对于孩子非常重要。

食物来源

甘蓝菜、菠菜、莴笋、芜菁、动物肝脏、牛奶、乳酪、海藻、椰菜、南瓜、西兰花、香菜等。

缺乏症状

新生儿吐血、脐带出血、流鼻血、牙龈出血、胃出血、瘀血等。

营养食谱

口味莴笋条

食材：莴笋 300 克，豉油、植物油、味精、盐、蒜、姜各适量。

做法：

1. 将莴笋去皮，留嫩的一段，切成细丝状；姜、蒜切成小片，备用。

2. 锅内烧少许水，加盐、植物油给莴笋焯水，焯好之后沥去水分；锅内加油爆香姜蒜，下莴笋丝，翻炒一会儿，再加盐、豉油，炒匀便可出锅食用。

功效：清香脆口，营养不流失，能提升食欲以及促进肝脏功能，适合 6 岁以上消化系统不好的孩子食用。

肉末炒菜花

食材：菜花 300 克，肉末 100 克，葱花、盐、料酒、酱油、鸡精、植物油各适量。

做法：

1. 将菜花撕成小朵，清洗干净，放进开水中焯一下，捞出沥干水分备用。

2. 向锅内加植物油，然后放进葱花爆香，直接放肉末煸炒，同时加料酒、酱油进去，肉末变白后，取菜花放入，撒适量盐和鸡精，大火翻炒一会儿，便可直接出锅食用了。

功效：菜花含有丰富的维生素，清香性平，适合 3 岁以上不同年龄阶段的人群食用，特别是鼻子容易出血，又没什么食欲的孩子。

五彩菠菜

食材：菠菜 300 克，冬笋、木耳、香肠、鸡蛋各 50 克，麻油、姜末、盐、味精各适量。

做法：

1. 把菠菜洗净，放进开水中焯一下，沥干水分直接切成碎丁，备用。将冬笋、木耳收拾干净，分别焯水，切成与菠菜一样大小的碎丁。

2. 将鸡蛋打散，加少许盐搅匀，蒸熟，然后切小丁，香肠也切成小丁；将所有碎丁放在一起，然后开火，将麻油烧热，放进姜末、盐、味精，调匀，直接倒在所有的碎丁上，拌匀便可装盘。

功效：五彩菠菜可修复肌肤瘀血，收敛伤口，并起止血调理作用，适合牙龈上火、肿痛、脾胃不振的 6 岁以上的孩子食用。

补钙：让孩子牙齿好、长得高

生理功能

所有人都离不开钙元素，它不仅调节细胞内的各种功能，激活相应的蛋白激酶，还有利于内、外分泌腺体的分泌，促进糖原合成、分解及电解质的运转，从而让骨骼、牙齿等正常生长。另外，钙质有效调节激素的分泌，从而让人体维持正常的神经冲动传导，并增强人体免疫功能。

食物来源

牛奶、泥鳅、黄鱼、木耳、蛋黄、肝脏、松子、牡蛎、海带、虾皮、豆府、芝麻酱、油菜、紫菜等。

缺乏症状

手足抽搐、神经兴奋、多汗、食欲不振、乏力、失眠、夜啼、免疫力低下等。

营养食谱

什锦豆腐

食材：豆腐 300 克，香菇 10 克，毛豆 50 克，火腿 30 克，胡萝卜 1 根，葱、姜、盐、油、蚝油各适量。

做法：

1. 将毛豆去皮，将豆粒洗净；豆腐、香菇、胡萝卜、火腿分别清净，切成毛豆粒大小的小丁。

2. 将葱、姜切成末，放进油锅爆香，然后先放毛豆粒入锅，翻炒 3 分钟左右再加胡萝卜丁，依次是香菇、火腿；炒匀之后加蚝油、适量清水，大火烧开，焖 3 分钟，再将豆腐放进去，加盐、鸡精，轻轻翻炒便可出锅了。

功效：荤素搭配、营养丰富、钙质充足，最能益气生津、清热和脾胃；适合消化不良、体虚质弱的 3 岁以上的孩子食用；可缓解精神，提高免疫力。

干炸小黄鱼

食材：小黄鱼 500 克，鸡蛋 1 个，料酒、葱、姜、盐、面粉、淀粉、食用油各适量。

做法：

1. 将小黄鱼清理干净，放在大碗中，然后取葱、姜切片，放在鱼上，加盐进行抓匀，再腌制 20 分钟。

2. 取面粉、淀粉与鸡蛋调在一起，调成糊状；把腌制好的小黄鱼蘸糊；此时锅内加多些食用油，到油升温至七成热时，将挂糊的小黄鱼放进去，炸熟就可以食用了。

功效：小黄鱼含钙量高，又具有多种蛋白质、维生素，是健脾开胃、安神益气的食物，最适合食欲不振、头昏、睡眠不佳、消瘦的孩子；但因其多刺，最好不要给 3 岁以下的孩子食用。

虾皮海带汤

食材：海带 100 克，虾皮 20 克，胡椒粉、姜粉各适量。

做法：

1. 将海带用清水洗净，切成菱形小块，放进开水中煮制 3 分钟，然后捞出沥干水分备用。

2. 锅内加清水适量，放进海带，加姜粉，大火煮开，小火煮 20 分钟，接着将虾皮放进去，再煮 10 分钟，撒适量胡椒粉即可食用。

功效：少盐多钙，促进钙质摄取；同时更能消痰止喘、祛积食、通体湿，适合大便不畅、消化不良的孩子食用。

补铁：让孩子不贫血（孩子补铁食疗方）

生理功能

微量元素铁是血红蛋白的主要成分，它能合成血红蛋白，维持造血功能，有益于人体血液正常代谢。同时，铁元素是细胞色素酶、过氧化酶、过氧化氢酶的组成成分之一，直接对细胞的能量代谢和呼吸起重要作用。

食物来源

木耳、猪肝、猪血、红枣、樱桃、坚果、牛奶、大豆、蛋黄、瘦肉、蘑菇、黑芝麻等。

缺乏症状

疲倦、无力、指甲粗糙、口角炎、皮肤病、呼吸道感染、肺炎等。

营养食谱

红白豆腐羹

食材：嫩豆腐 100 克，猪血 100 克，瘦猪肉 50 克，冬笋、植物油各 15 克，白糖、酱油、盐、葱、淀粉各适量。

做法：

1. 先做准备工作，将豆腐、猪血分别切成 1 厘米大小的方块，用热水焯一下；冬笋要切成片状，猪肉则切成细丝，葱切段。

2. 在铁锅内倒植物油，加热之后放进葱段爆香，接着放适量清水，将豆腐块、猪血块、猪肉丝还有笋片都放进去，加少许酱油、白糖大火烧开。取淀粉勾芡，加盐调味，即可。

功效：这道红白豆腐羹热量很高，蛋白质充分，而铁含量更超过很多食物，给孩子补充铁元素非常实用。

黄瓜猪肝

食材：猪肝 100 克，黄瓜 50 克，黑木耳 10 克，葱、姜、食盐、白糖、植物油、淀粉各适量。

做法：

1. 先将猪肝切成大约 2 毫米左右的厚片，然后将它放在湿淀粉中，加少量食盐进行上浆。将黄瓜切小滚刀块（不可过大）；木耳泡发之后择净，撕成小片状；葱、姜切成碎末。

2. 在锅子内多加入一些植物油，等油九成热时，将猪肝放进去，轻轻搅开，在八分熟的时候马上捞出。接着将锅内植物油倒掉，放入葱、姜末爆炒，再放进黄瓜与木耳，等到木耳发软时，加入猪肝、白糖、淀粉大火翻炒，三分钟左右即可出锅。

功效：黄瓜炒猪肝的热量相对较低，但铁含量足足有 44.2 毫克，是一道富含铁元素的营养菜，最适合孩子补铁食用。

肉末蒸蛋

食材：鸡蛋 1 个，瘦肉末 50 克，鲜酱油、盐、油、胡椒粉各适量。

做法：

1. 将肉末放在碗中，加少许油、盐进行腌渍，血用。

2. 在腌好的肉末中，加入鸡蛋液、胡椒粉，充分搅匀；然后放进蒸锅大火蒸 10 分钟，出锅时加少许鲜酱油，调味即可食用。

功效：养血壮体、益智健脑、滋补脏腑，最适合处于成长阶段的 1 岁以上的孩子食用，可有效缓解铁元素不足症状。

补锌：让孩子更聪明（孩子补锌食疗方）

生理功能

微量元素锌是身体酶元素的组成成分和激活剂，DNA、RNA 类聚合酶都需要锌的作用。同时，锌是促进人体生长发育和组织再生的重要元素，人体细胞的生长、分裂、代谢等都离不开它。锌还直接参与维生素A的代谢以及生理的成长，不但让人免疫力强，而且更加有食欲。

食物来源

瘦肉、蚕豆、蛤蜊、核桃、栗子、绿豆、黄豆、猪肝、紫菜、鱼类、燕麦粉、白菜、羊肉、茄子等。

缺乏症状

不长个、免疫力低、没食欲、皮炎、食土癖、慢性腹泻、厌食、嗜睡、脱发等。

营养食谱

肉菜卷

食材：白菜50克，瘦肉30克，面粉100克，黄豆粉20克，植物油、食盐、酱油、酵母粉、葱、姜各适量。

做法：

1. 先将面粉与黄豆粉混合，加入酵母粉揉成面团饧发。然后将瘦肉与白菜剁成碎末，连同葱、姜，一起放在盆中，加入食盐、植物油和酱油做成肉馅。

2. 待面团饧发好之后，将其压成薄薄的面片，取调的好的肉馅涂在面片上，细细地卷起来，轻轻放进蒸锅内，大火蒸20分钟便可出锅，然后将面卷切成小段，就能食用了。

功效：含锌量高的食物除了瘦肉之外还有豆类、白菜等，它们一起做成的食物，自然锌含量最足；肉菜卷适合 1 ～ 3 岁孩子食用。

珍珠白玉汤

食材：面粉 20 克，虾仁 10 克，鲜贝 15 克，菠菜 5 克，葱、姜、酱油、肉末、植物油、盐各少许。

做法：

1. 将菠菜放进开水中焯一下，捞出切成小段；葱、姜切碎；虾仁、鲜贝放点儿食盐和酱油进行腌渍。

2. 在锅内加油，烧热之后放肉末煸炒，等到肉末发白时放葱、姜碎以及酱油和清水。这时在面粉内加清水，用筷子搅拌，要边加水边搅动，直到面粉变成一粒粒的小疙瘩。等锅内水滚开后，将虾仁、鲜贝以及面疙瘩都放进去，煮开，再放菠菜，稍煮一会儿就可以吃了。

功效：海产品中锌含量最高，而且可以提鲜，做成汤汤水水的辅食即促进孩子的食欲，又易于孩子的吸收和消化。

核桃鸡汤糊

食材：鸡肉 200 克，核桃 100 克，陈皮、盐、葱、姜、料酒各适量。

做法：

1. 将鸡肉清洗干净，切成小块，加葱、姜、料酒煮熟，然后剁成碎末备用。

2. 核桃去壳，将核桃肉和陈皮一起加清水浸泡 10 分钟，捞出之后放进煲内，加适量清水和鸡肉末一起煲制；大约 1 小时后，加少许盐调味即可食用。

功效：核桃仁含有大量的维生素及微量元素，锌含量也很充足，能滋养细胞、增强脑力，适合脑疲劳、精神不振的孩子食用。

补碘：保护甲状腺的健康

生理功能

碘是促进人体发育生长的重要元素，它直接保证甲状腺素的正常运行，从而调节人体水盐代谢、促进生物氧化以及调节蛋白质的合成和分解。另外，人体糖类与脂肪的代谢也来自于甲状腺的作用；维生素的吸收和利用，都离不开它。只有碘元素充足，这一切活动才能正常进行。

食物来源

海白菜、海鱼、海带、虾类、贝类、洋葱、紫菜、蟹类等。

缺乏症状

食欲减退、体能下降、甲状腺肿大、轻度智力低下、单纯性聋哑、生长落后等。

营养食谱

虾仁鸡蛋面

食材：虾仁 30 克，面条 100 克，鸡蛋 1 个，油菜心 50 克，葱花、盐、油、味精、料酒各适量。

做法：

1. 将油菜心洗净，切成细丝状备用；虾仁去掉虾肠，切成碎丁备用。

2. 锅内加油，烧热之后加葱花爆香，接着放适量清水；烧开之后加入油菜丝、虾仁，再放面条；等面条七成熟时，加入盐、料酒、味精，再淋入鸡蛋，面条便可以出锅了。

功效：补虚强体、滋阴明目，除了帮助消化之外营养也充分；特别适合 3 岁以上体弱多病及食欲不强的孩子食用。

紫菜蛋卷

食材：紫菜 1 张，鸡蛋 2 个，肉末 200 克，葱、姜、料酒、酱油、盐、麻油、淀粉各少许。

做法：

1. 将葱、姜洗净，剁进肉末中，然后加料酒、酱油、盐、淀粉、麻油，充分搅拌均匀，备用。

2. 取鸡蛋，打在碗中，搅匀；留下少量蛋液，其余的在平底锅中做成薄薄的蛋皮；在蛋皮上放一张紫菜，涂蛋液，接着取肉馅放在上面，卷起来；入锅直接蒸 15 分钟，切成小块即可食用。

功效：紫菜含碘、含蛋白质、营养成分极高，能增强记忆，治疗咳嗽、甲状腺肿大等症，适合需要补碘及钙、铁等营养的孩子食用，能有效提高细胞、体液的免疫功能。

海带排骨汤

食材：小排 300 克，海带 100 克，葱段、姜片、料酒、盐各适量。

做法：

1. 先将海带洗干净，然后放进蒸锅蒸 20 分钟，再切成菱形块状，备用。

2. 将小排洗净，用开水氽烫，然后撇去血末，在汤中加入葱段、姜片及料酒，大火煮制 20 分钟，接着将海带放进去，大火继续煮 10 分钟，加盐调味即可食用。

功效：海带中除了丰富的碘，更有钙、镁、铁、钾以及维生素等，最能促进人体新陈代谢、滋阴润燥，适合体胖虚瘦、内热痰滞的孩子食用。

补充卵磷脂：增强孩子的记忆力

生理功能

卵磷脂是提高脑细胞中乙酰胆碱含量的关键成分，它能活化和再生脑细胞，从而加强、改善大脑的功能。人体智力、记忆力的发达与否也完全取决于卵磷脂，它作为神经系统的传达者，决定着信息传递速度的快慢。至于心血管、血液、肌肉等功能的活力与代谢，也完全依靠它对细胞膜组成和活化的影响；因此卵磷脂是人类不能缺少的重要营养元素。

食物来源

鱼头、动物肝脏、山药、芝麻、大豆、蛋黄、瓜子、玉米、鳗鱼、木耳等。

缺乏症状

大脑疲惫、心理紧张、反应迟钝、头昏、失眠、健忘、注意力不集中、记忆力下降等。

营养食谱

核桃玉米奶

食材：鲜玉米 50 克，核桃 10 克，牛奶 100 毫升。

做法：

1. 将玉米粒洗净，用清水直接煮熟备用；核桃去壳，取肉切碎。

2. 将玉米、核桃肉一起放进榨汁机，然后加牛奶和少许温开水，打成汁便可直接饮用了。

功效：补脑润肺，养神益气，促进精力、骨骼健康；适合精力不足、注意力涣散的 6 岁以上的孩子饮用，能有效滋补脏腑、促进消化和吸收。

蛋肉糕

食材：五花肉 50 克，鸡蛋 1 个，胡萝卜 10 克，香菇 2 个，葱、麻油、酱油、盐、淀粉各适量。

做法：

1. 将五花肉洗净，剁成碎末放在碗中，然后将胡萝卜、香菇、葱洗净，切碎末加入肉末里备用。

2. 将酱油、盐、淀粉、麻油一起加入肉馅里，调匀，在碗里压平整，接着取鸡蛋直接打在上面，入蒸锅大火蒸 15 分钟，即可切开食用。

功效：蛋肉糕口感鲜香、营养全面，最能改善精力不足、营养成分吸收不足的症状，适合精神紧张、反应迟钝的孩子。

黑芝麻糊

食材：黑芝麻 30 克，糯米粉 20 克，白糖适量。

做法：

1. 将黑芝麻放进锅中，小火炒熟备用；糯米粉可以直接用，也可以炒至黄色再食用，依个人口味而定。

2. 取豆浆机，将黑芝麻和糯米粉一起加进去，加白糖和温开水，直接打制成糊状，就能直接饮用了。

功效：补脑益智、提升味觉；其热量不高、易通肠道，最能清除人体多余体重；对消化不好、脑力不足的孩子最合适，长期食用能提高大脑的活动机能、改善皮肤粗糙。

补充牛磺酸和 DHA：促进孩子大脑发育

生理功能

牛磺酸和 DHA 是人体大脑部构成的重要基石。其中 DHA 对大脑成长有非常强的帮助，能与细胞膜中的磷脂混合，从而避免脑细胞退化，并起到加强信息传递的作用，增强大脑生长发育。而牛磺酸则是带有硫黄成分的氨基酸，能让脑部神经元增生并延长，更有利于脑细胞膜的平衡能力，增强脑部机能。

食物来源

秋刀鱼、沙丁鱼、鲔鱼、鲣鱼、扇贝、鲑鱼、带鱼等。

缺乏症状

注意力欠缺、过于好动、阅读障碍、有暴力倾向以及心情抑郁等。

营养食谱

粉丝蒸扇贝

食材：扇贝 5 个，粉丝 20 克，大蒜、葱、料酒、豉油、食用油、鲜酱油各适量。

做法：

1. 将扇贝洗好，处理干净，然后取下扇贝肉加料酒、鲜酱油、豉油腌制备用；大蒜、葱都切成碎末，粉丝用温开水泡发。

2. 将粉丝分成小份，分别放进扇贝壳上，再将腌好的扇贝肉放在粉丝上，每个扇贝上撒一点儿蒜蓉；入蒸锅大火蒸 5 分钟；此时在锅子里加少量食用油加热，等扇贝取出时，将葱花撒上去，直接用热油浇在葱花上，即可以了。

功效：滋阴补肾、和胃调中，不仅能治疗头晕还可缓解口干舌燥的问题；适合脾胃虚弱、营养不足及情绪不高的孩子食用。

柠香秋刀鱼

食材：秋刀鱼 200 克，柠檬 1 个，油、姜片、盐、料酒、胡椒粉各适量。

做法：

1. 将秋刀鱼处理好，肚内的内脏一定要清除干净，然后在鱼身上切斜刀备用。

2. 取沥干水分的秋刀鱼放在盘中，撒少许盐和胡椒粉，再倒上料酒，进行腌制。

3. 锅内加油，将姜片爆香，把秋刀鱼一条一条放进去，煎到鱼身两面金黄；这时将柠檬切开，直接将柠檬汁挤在鱼上，在锅内小心翻身、裹匀即可食用。

功效：肉质鲜嫩，味道鲜美，富含DHA和EPA（二十碳五烯酸），是脑细胞生长不可缺少的营养食材；特别适合成长发育中胃阴不足、口舌干燥的孩子食用。

鲑鱼粥

食材：鲑鱼30克，大米50克，南瓜20克。

做法：

1. 将南瓜去皮，切成丝备用；鲑鱼放在锅中煎熟，去刺，压成泥状。

2. 将大米淘洗之后直接与南瓜丝一起煮成粥，等到粥变得稠糯后，将鱼泥放进去充分搅拌均匀，即可食用。

功效：鲑鱼富含不饱和脂肪酸，对大脑细胞、视网膜及神经系统都有促进作用；最能增强脑功能以及预防视力减退；适合视力不强、注意力不集中的所有年龄阶段的孩子。

第八章 日常饮食就能提供孩子所需营养

果蔬汁

胡萝卜苹果汁——补充胡萝卜素、维生素 C 和膳食纤维

原料：苹果 2 个，胡萝卜 4 个。

做法：

1. 将胡萝卜洗干净，不要去皮，洗净之后切成小块。

2. 苹果清洗，也保留全皮，然后切开，挖去苹果核。

3. 将胡萝卜块与苹果块一块放进榨汁机，压榨之后倒进锅子内进行加热，加热的时候可加少许清水。等果汁煮开之后，便可饮用了。

注意事项：

选择胡萝卜时，不要选颜色发黄、发暗的，最好形态均匀、大小适当；一般黄芯小的胡萝卜较好。

对 3 岁以下的孩子来说，这个果汁虽然有营养，但是浓度太高了，不利于肠胃消化，在制作的时候一定要加清水进行稀释，不然孩子的肠胃会受伤。

家长在打这道胡萝卜苹果汁的时候，一定注意保留果皮，因为无论是苹果还是胡萝卜，其营养成分一大部分都在皮里，削掉皮就减少了果汁的营养成分。但在保留皮的同时，应该充分地清净，可以在清水中加点儿盐，浸泡5分钟，这样就会有效祛除果皮细菌、遗留的农药。

另外，如果孩子腹部不适，则建议在做这道果汁的时候，可先将胡萝卜煮熟，这样会更适应孩子的胃肠，达到消化吸收的目的。每次饮用，以200毫升为宜，不可过量饮用。

营养分析：

胡萝卜中的维生素含量极高，维生素A不仅能明目健齿，促进骨骼发育，还能滋润皮肤、呼吸道、泌尿道、肠道黏膜等，从而直接提升免疫力。而苹果中的维生素C，则能很好地保护心脑血管，苹果酸又能促进消化吸收，完全适合孩子娇嫩的脾胃，保护它们不受损伤。同时，胡萝卜与苹果中的胡萝卜素、柠檬酸、果胶等营养物质，又能保持孩子的精力，让他抗疲劳、有活力。

西瓜汁——补充各类营养素，清凉解渴

原料：西瓜1个，白砂糖适量。

做法：

1. 先将西瓜外皮清洗干净，再将其切成两半。

2. 将西瓜去皮，再将西瓜切成小块，去除西瓜籽（最好选择无籽西瓜）。

3. 将西瓜块放入榨汁机中，榨完后倒入锅中加热，可加入适量清水。

4. 果汁煮开后，依个人口味加入适量白砂糖即可。

注意事项：

由于西瓜籽会在榨汁过程中，有妨碍性，并影响口感，因此，最好选择无籽西瓜；另外，为了保证榨出更多果汁，要尽量避免选择沙瓤西

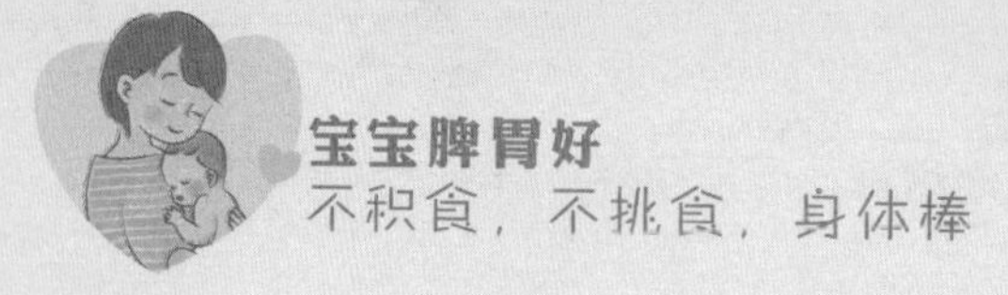

瓜，而要选择水分较大、口感较甜的西瓜。

家长在打西瓜汁时，也可以将与瓤相连的皮质部分一起放入。西瓜皮中富含丰富的叶绿素，能够帮助身体清除血热，提高免疫力。不过，要尽量避免将最外层部分放入，这部分既有农药残留，又质地较硬，不适合放入榨汁机。

虽然西瓜汁富含多种营养，但是糖分含量过高，不适合 2 岁以下的宝宝饮用。另外，要提醒自己的孩子，每次饮用一杯即可，不要过量饮用，以免引起腹泻等消化不良症状。

营养分析：

西瓜中富含胡萝卜素、维生素 A、维生素 B、维生素 C、苹果酸等多种营养元素，并有“水果之王”之称。其中，大量的维生素 C，能够帮助孩子提高身体免疫力。维生素 A 与维生素 B，对呼吸道起重要的保护作用。苹果酸能够对肠胃起到保护作用，并帮助消化，促进营养元素的吸收。另外，炎炎夏日正是孩子们流汗的季节，身体内的钾元素极易随着汗液流失，导致身体产生疲劳感。西瓜中特有的钾元素能够有效地补充钾元素，保持机体活力。

桃汁——补铁、补血

原料：水蜜桃 4 个，蜂蜜适量。

做法：

1. 先将水蜜桃清洗干净，去皮、去核，再将水蜜桃切成小块。

2. 将水蜜桃块放入榨汁机中，榨完后，将果汁倒入锅中加热，可加入适量清水。

3. 果汁煮开后，依照个人口味加入适量蜂蜜，充分搅拌均匀后，即可饮用。

注意事项：

在挑选水蜜桃时，应选择肉质丰富的成熟水蜜桃，其表皮会留存一层白色绒毛，特征较为明显。这类水蜜桃不但营养丰富，而且口感最佳。另外，为保证果汁的新鲜度，要尽量选择放置时间较短的水蜜桃。

各位家长在清洗时，一定要将桃毛处理干净，以免引起孩子出现皮疹的过敏现象。另外，部分家长为了保留桃子本身的营养，会选择不去皮。但是，现在水果的表皮上会残留一些农药，对人体具有危害性。假如部分家长喜欢保留果皮，则不妨在冲洗后，将水蜜桃放入盐水中浸泡半刻，这能够帮助清除表皮 80% 的农药。

另外，家长在去皮时，不妨试一下将桃子先放入热水，再放入冷水中，这样能够帮助我们快速地去除果皮。

如果您的孩子属于内火过旺的体质，则不适合饮用过多，以免增强体内火气。

营养分析：

桃肉不仅味道十分鲜美，还富含胡萝卜素、钙、磷、铁、维生素等营养元素，可以为人体补充多种营养。其中，大量的铁元素能够帮助人体增强造血功能，起到益气补血作用，尤其适合因长身体而造成轻微贫血的孩子。另外，桃肉中还含有大量的纤维素，能够有效促进消化，起到舒畅肠道的功效。另外，桃肉富含大量的蛋白质，能够帮助骨骼生长，促进孩子发育。

苹果汁——补充维生素 A 和胡萝卜素

原料：苹果 2 个。

做法：

1. 将苹果清洗干净、去皮，切成小块状。
2. 将切好的苹果块放入榨汁机中，加入适量温开水，打开开关，榨好后，倒入杯中，即可饮用。

注意事项：

在榨苹果汁时，最好选用红富士，此类苹果口感较好、甜度较大，比较受孩子喜欢。在挑选红富士时，尽量选择颜色偏红、条纹较多、柄处有同心圆的，此类红富士口感香甜、水分较多、质量上乘。

苹果虽然具有丰富的营养，但也不能过多食用。对儿童来说，每天 1 ～ 2 个苹果就可以满足一天的营养需要了。过多饮用苹果汁，反而会让孩子的身体出现负担，破坏营养吸收。尽量不要让孩子在饭后 1 小时内饮用苹果汁，否则极易出现主食消化不良现象。

如果你家孩子的脾胃偏凉，则在饮用此苹果汁时，可以多加温水，令果汁保持常温，以免刺激孩子的肠胃，导致消化系统出现问题。如果是给 2 岁以下的宝宝饮用，则建议先将苹果放在热水中煮熟后，再将其榨成果汁。由于宝宝的消化系统较弱，生苹果极易让宝宝出现腹泻症状。

营养分析：

苹果中富含维生素 C、胡萝卜素、维生素 A 以及锌、铜、钾、锰等人体必需元素，能够为人体提供丰富的营养。大量的维生素 A 以及胡萝卜素，能够有效帮助孩子加强新陈代谢，促进身体健康发育。另外，胡萝卜素对儿童视力具有良好的保护作用，能够有效预防小儿近视。大量的微量元素，能够有效强化骨骼，促进钙质吸收，促进骨骼发育。

另外，苹果富含的维生素 C，能够有效提高人体免疫力，增强孩子的抗病能力，缓解感冒现象。

番茄汁——补充维生素 C 和番茄红素

原料：番茄 3 个，蜂蜜适量。

做法：

1. 先将番茄清洗干净，然后放入热水中，去掉外皮，然后将番茄

切成小块，放入榨汁机中，可以加入适量温水。

2. 榨完后，将番茄汁倒入杯中，可依据个人喜好加入适量蜂蜜，充分搅拌后即可饮用。

注意事项：

由于市面上有很多催熟番茄，因此，各位家长在挑选时一定要多加留意。自然成熟的番茄具备以下特点：形状较圆、籽呈现土黄色、皮质感较薄、按下去时弹性十足。

番茄表皮中含有大量的农药，单靠清水无法将其冲洗干净，因此最好事先将其去皮。为了更方便地去皮，我们建议先将其放入热水中，不过，番茄在热水中放置的时间不宜太久，以免高温破坏番茄本身的维生素 C。

番茄属于性寒食物，不宜给孩子过多食用，否则易引发腹泻现象。如果孩子的脾胃较弱，则在榨汁后，可以将果汁倒入锅中加热、煮熟，趁热饮用。由于 1 岁以下的宝宝身体的各项机能都比较弱，性凉的番茄不宜被身体消化吸收，因此最好不要食用番茄汁。

营养分析：

番茄中含有丰富的维生素、有机酸、番茄红素等多种营养元素。其中，有机酸对番茄中的维生素 C 起到充分的保护作用，因此，番茄中的维生素 C 不仅含量多，而且更不容易消失，持久性最长，这种有机酸还对血管起到一定的软化作用。

另外，番茄中特有的番茄红素，对细菌的生长具有很强的抑制作用，特别适合免疫力低、容易生病感冒、体质较差的孩子食用。其特有的酸甜苦口感，也能帮助孩子增进食欲

小白菜汁——补充多种营养素，预防宝宝挑食

原料：小白菜 1 棵。

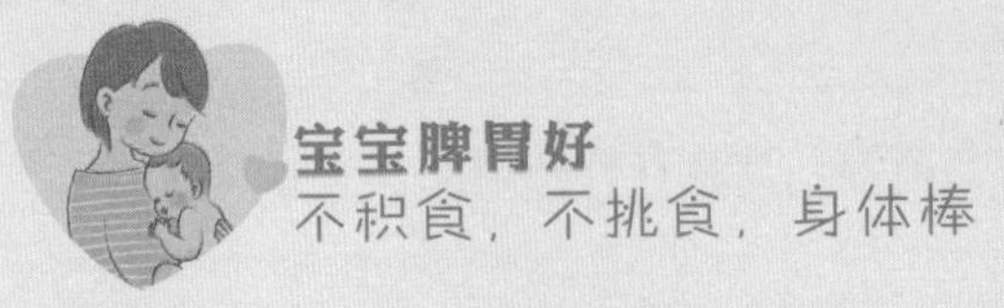

做法：

1. 先将小白菜用清水冲洗干净，将菜叶依次撕下，将水沥干。

2. 在锅中倒入热水，热水沸腾后，将白菜叶放入水中，充分焯熟，将焯熟的菜叶放入榨汁机中，榨完汁后，倒入锅中，加入适量清水，将果汁热熟后，即可饮用。

注意事项：

家长在购买小白菜时，一定要保证其新鲜感，注意“边看边闻”。看一下白菜的个头，尽量选择个头小的，这类白菜的水分含量更大；闻一下菜叶的味道，是否有强烈的农药味。由于菜汁味道略浓，在给孩子喝的时候，可以稍微加入一些温水进行稀释。如此既可以帮助孩子增强口感，又能防止孩子因菜汁过凉导致腹泻症状。

由于菜汁本身具有清热解毒的效果，性质较寒，因此只建议 4 个月以上的宝宝以及儿童饮用。假如孩子的脾胃功能较弱，在饮用时可以加入适量温水，注意不要饮用过多。

由于 1 岁以内的宝宝机体功能并不完善，同样不建议饮用过多，4 个月到 1 岁的宝宝，

每日摄取 4 汤匙即可满足营养需要。

营养分析：

小白菜中富含胡萝卜素、维生素 B_1、维生素 B_2 等多种维生素以及钙、磷、铁等矿物质，能够为人体补充多种丰富的营养物质。其中，丰富的维生素 D，能够有效预防佝偻病的产生。大量的钙、磷等矿物质，能够有效促进骨骼生长，帮助孩子加快新陈代谢。大量的膳食纤维，能够帮助肠道蠕动，促进消化，从而令孩子增强食欲，预防挑食。

山楂汁——生津止渴，健胃消食

原料：山楂、冰糖各适量。

做法：

1. 先将山楂清洗干净、去除果皮及果核。在锅中加入适量清水，将山楂放入，大火将山楂煮开，然后调至小火，直到将山楂果肉煮烂。

2. 将煮烂的果肉捞出，放凉后放入榨汁机中，可以加入适量清水。

3. 榨完后，可依据个人口味加入适量冰糖，充分搅拌后即可饮用

注意事项：

不同山楂之间的酸甜差异较大，很多孩子都不喜欢太酸的食物，所以，各位家长在挑选山楂时，可以掌握一些技巧，尽量挑一些较甜的。一般而言，颜色较为鲜亮、个头中等、硬度较大的山楂比较甜。

很多家长为了保持果实的全部营养，喜欢保留果皮。不过，现在大多数山楂表皮都留存部分农药，想留下果皮的家长，可以先将山楂放在盐水中浸泡，将其表面农药去除后再使用。

另外，各位家长要注意，不宜给您家孩子喝太多山楂汁。由于孩子处于换牙期，牙齿比较脆弱与敏感，长时间饮用山楂汁，不利于牙齿生长。两天或三天一杯，就可以满足孩子的需求，还要提醒孩子，喝完山楂汁要记得刷牙。

如果您家孩子脾胃功能较弱，则更要注意山楂汁的饮用量，山楂汁虽然能够帮助孩子增进食欲，增进脾胃功能，但是过多饮用反而会造成负担。

营养分析：

山楂除了是一种食物外，还是一种常见的中药材，对脾、胃、肝起到良好的疏通作用，能有效地消除积食。山楂富含多种维生素以及钙、铁、磷等矿物质。其中，钙含量最高，对孩子因缺钙导致的食欲不振、生长缓慢等现象，有良好的治疗效果。另外，山楂含有丰富的脂肪酶，能够帮助我们加速分泌胃消化酶，从而帮助孩子增强消化功能，酸甜的口感也能帮助增进食欲。

冬瓜汁——清热解暑的绝佳饮品

原料：冬瓜 250 克，蜂蜜适量，柠檬 1 个。

做法：

将冬瓜清洗干净，切成块状，放入榨汁机中，加入适量温开水、柠檬汁、蜂蜜，开始搅拌，搅拌结束后，即可饮用。

注意事项：

冬瓜的味道有些重，很多孩子可能不太喜欢。家长们可以按照孩子的口味，加入适量的柠檬、蜂蜜进行调味，呈现酸甜口感，让孩子更喜欢。

冬瓜皮富含大量的营养物质，但现在的冬瓜表皮大都附着农药等化学物质。各位家长在清洗冬瓜皮时，最好用盐水清洗，可以有效去除 80% 的农药。

在挑选冬瓜时，应选择表皮无划痕、光滑、颜色呈墨绿色、大小适中、摸起来较硬的，这类冬瓜较为新鲜、质量上乘，吃起来味道极佳，尤为适合做成蔬菜汁饮用。

冬瓜性寒，如果是脾胃较寒的儿童，则不能长期过多饮用，在饮用时，最好兑上些许温开水。

营养分析：

冬瓜性寒，能够有效清热去火，在炎热的夏天饮用，尤其具有有效的清热解暑功效，将其做成冬瓜汤后，效果更佳。另外，冬瓜中富含大量的维生素 C、维生素 B_1、胡萝卜素、丙醇二酸、钾盐等人体必需的营养元素。其中，维生素 C 能够有效帮助小儿提高身体免疫力，促进生长发育。冬瓜特有的丙醇二酸，能够对脂肪的形成起到一定程度抑制作用，能有效预防小儿生长发育中极易出现的肥胖症状。

鲜藕梨汁——润肺生津，预防秋燥

原料：鸭梨 1 个，莲藕 300 克，适量冰糖。

做法：

1. 将莲藕处理干净，充分清洗后，将外皮去掉，切成块状。

2. 将鸭梨清洗干净，去掉外皮，切成块状。

3. 将莲藕块、鸭梨块放入榨汁机中，倒入适量温开水，开始榨汁，榨完后，将果汁倒入杯中，依照个人喜好加入适量冰糖，即可饮用。

注意事项：

在选购鸭梨时，要尽量选择果皮较薄、颜色鲜黄、表面有黑色小斑点的，此类鸭梨果肉鲜嫩、汁液较多、口感香甜，特别适合榨成果汁饮用。

很多家长都喜欢用熬煮的方式制造果汁，不过在做莲藕汁时，则最好按照推荐的步骤，用榨汁机制造；尤其不能用铁质容器来制造莲藕汁，这样很容易破坏莲藕中的维生素C，因此，用榨汁机是最方便、最健康的方式。

鲜藕梨汁对身体起到极佳的调理作用，尤其适合体热的宝宝饮用。不过，鸭梨性寒，在给2岁以下的宝宝饮用时，尽量兑入适量温水，减少对宝宝肠胃的刺激。

营养分析：

鲜藕性平，富含维生素C、蛋白质、淀粉等多种营养元素，能够有效起到清热解燥的功效，尤其是生莲藕，还可以起到止吐作用。如果您家的孩子脾胃较弱，则可以事先将鲜藕煮熟，同样可以起到增强脾胃的功效。

鸭梨中富含维生素B、维生素C、铁、磷等多种营养元素。其中，大量的果胶可以有效促进消化、增强食欲；多种维生素能够有效为人体提供多种营养物质，促进小儿生长发育。另外，鸭梨性寒，入肺经，能够有效滋养双肺，起到润肺止咳的功效。

泥湖类

大米糊——促进淀粉、维生素 B 的吸收

原料：大米。

做法：

1. 先将大米淘洗干净，放入豆浆机中，加入适量清水，启动豆浆机。
2. 十几分钟后，关闭豆浆机，用滤网将大米糊倒出，即可食用。

注意事项：

各位家长挑选大米时，要多留意一下质量问题，不妨参照一下下面的方法：将大米拿在手里，注意一下米糠多少，较少米糠的为优良大米；查看颗粒是否完整；闻一下大米的味道，是否产生了霉变。

部分家长为了方便，会选择超市里的现成米粉，用米粉加热水直接煮粥。虽然节约了时间，但是对孩子来说，用大米自制的米糊口感更加天然，而且没有任何添加剂，保证了营养的纯天然。另外，如果家长们使用的是现成米粉，则一定要注意一下孩子食用的量。由于此类米粉中含有多种添加剂与其他物质，食用过多，极易导致孩子出现上火现象。所以，用米粉做成的米糊不宜给孩子食用过多。

另外，由于 4 个月以下的婴儿消化系统还未发育成熟，不宜食用大米糊这类含有蛋白质的食物，以免引起过敏反应。因此，大米糊只建议 4 个月以上的宝宝以及儿童食用。

营养分析：

大米中含有丰富的维生素 B 以及钙、铁、镁、蛋白质、碳水化合物等营养与元素。其中，维生素 B 能够有效预防口腔炎的发生，维持血糖平衡；另外，淀粉占据大米成分的 70%，含有大量可溶性糖，能够有效被人体吸收，促进养分的摄入，为孩子补充充足的糖分。

大米性较温和，米粥更是能够起到滋养脾胃、促进消化的作用。因

此，大米糊尤其适合婴儿食用，既能帮助婴儿增强消化功能，又能促进婴儿对奶粉养分的吸收力。

玉米糊——补充多种营养物质，提高人体免疫力

原料：大米 15 克，玉米 50 克。

做法：

1. 将玉米粒与大米充分淘洗干净，一起放入豆浆机中，添加适量清水，开启豆浆机。

2. 15 分钟后，关闭豆浆机，用过滤网将玉米糊倒出，即可食用。

注意事项：

小孩子都比较喜欢甜甜的口感，因此家长们在挑选玉米时，可以选择甜玉米。一般来说，黄色的玉米口感更佳香甜。另外，为了保证玉米的新鲜度以及营养物质的全面性，家长们还要注意玉米是否新鲜。颗粒较为透明的玉米，新鲜度较佳，在打玉米糊时也更容易烂。

玉米本身就已经具备了充足的糖分，因此在熬好之后，不需要再加入糖分了。为了打出最适合孩子喝的玉米糊，家长们还可以控制一下水量。一般来说，玉米与水的比例为 1 ∶ 3 时，做出来的玉米糊口感最佳。

由于宝宝的消化系统处于发育阶段，因此，含有过多蛋白质的玉米糊，不适合 8 个月以下的宝宝食用，以免破坏宝宝的肠胃功能，并引起蛋白质过敏反应。

玉米粒打出来的玉米糊，无论是口感还是营养，都要远超超市里的玉米粉，所以，各位家长们就赶快动起手来吧。

营养分析：

玉米中含有大量维生素 E 以及钙、铁、硒等矿物元素，能够为人体提供多种营养物质。其中，含有的膳食纤维，能够有效加快胃肠蠕动，促进消化，帮助孩子提高消化能力。胚尖中所含的物质，能够有效地加

快新陈代谢，十分有利于正在生长过程中的儿童。玉米糊尤其适合于营养不良、脾胃功能较弱的儿童食用。

南瓜糊——补锌，保护胃黏膜，助消化

原料：南瓜 250 克，大米 50 克，小米 15 克。

做法：

1. 先将南瓜皮去除，再将南瓜切成小块。

2. 将大米、小米充分淘洗干净。

3. 将大米、小米、南瓜块依次放入豆浆机中，加入适量清水，启动豆浆机

4. 豆浆机完成工作后，即可倒出食用，可以按照个人喜好加入适量冰糖或是红糖

注意事项：

做南瓜糊时，口味较甜的南瓜熬出来的南瓜糊更加香甜。因此，家长们在挑选南瓜时，可以选择表皮较为暗淡与粗糙的，这类南瓜比较老，甜度更大，更适合熬粥。

另外，各位家长要尽量将南瓜块切小，以便于打出来的南瓜糊更加细腻。如果想要增强营养口感，则可以加入适量的黑芝麻。注意不要加入红枣，红枣与南瓜相配，不仅不会提供充足养分，反而会将原本的维生素 C 破坏掉。

虽然南瓜糊营养丰富，但是南瓜本身也是一个极易引发过敏的时候，因此，妈妈们在给孩子第一次吃南瓜粥时，尽量先尝试一点，确定没有过敏反应后，再给孩子正常食用。

另外，由于 8 个月以下的宝宝消化系统尚未发育成熟，南瓜糊含有的多种蛋白质以及营养元素，会给宝宝的消化系统造成负担。因此，此糊仅适合 8 个月以上的宝宝以及儿童食用。

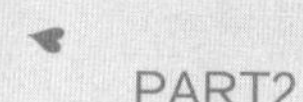

营养分析：

南瓜性甘，能够有效调理脾、胃，富含丰富的维生素 A、维生素 B、维生素 C、胡萝卜素以及膳食纤维等。其中，膳食纤维能够帮助胃肠加速蠕动，有效保护胃粘膜，提高孩子的消化功能；还具有清热解毒的功效，能够缓解胃部不适，尤其适合脾胃功能较弱的儿童食用；丰富的锌元素，能够对生长期的儿童起到充足的补锌功效。

香蕉泥——补充钾元素和维生素 A

原料：香蕉 1 个，白砂糖适量。

做法：

1. 先将香蕉清洗干净，将上面白色丝状物去掉，再用刀将香蕉切成小段状。

2. 将切好的香蕉放入碗中，用勺子将其捣成泥状。按照个人喜好加入适量白砂糖，即可食用。

注意事项：

各位家长一定要选择熟透的香蕉。假如香蕉没有熟透，会对孩子的肠胃造成破坏，尤其是其中含有的鞣酸，非但不能帮助排便，反而极易让孩子出现便秘症状。另外，其本身带有的酸涩感，也容易引起孩子的反感，不愿主动去食用。

另外，不要让孩子空腹食用，最佳的食用时间为饭后 2 小时左右，这时能够将香蕉的全部营养价值发挥出来。还需要注意的是，不宜让孩子过多食用香蕉泥。对儿童来说，一天 1 根香蕉足矣，对 4 个月以上的宝宝来说，一天只需要 1/4 根香蕉即可满足营养需要。如果吃多了，则不但不会帮助孩子缓和脾胃，还会造成孩子的胃肠功能紊乱。4 个月以下的宝宝，由于消化系统尚未成熟，不建议食用。

香蕉本身性寒，如果您家的孩子脾胃较弱，属于胃寒类型，则不宜食用香蕉。

营养分析：

香蕉中富含维生素 A、维生素 B_1、维生素 C 以及铁、磷、钾、钙等多种矿物质。其中，钾和镁能够有效缓解疲劳，适宜正在学习阶段的儿童食用；大量的核黄素，能够有效帮助孩子进行发育和生长；丰富的维生素 A，能够帮助人体增强免疫力，让孩子有效地抵抗疾病，促进生长。另外，香蕉还能够起到润滑肠道、疏通大便的效果，能够有效减少胃酸刺激，对胃黏膜起到保护作用。如果您家孩子有便秘的症状，则香蕉泥会起到非常有效的作用。

红豆泥——补充膳食纤维，润肠通便

原料：红小豆、红糖各适量。

做法：

1. 提前将红小豆放入水中，浸泡 8 小时左右。

2. 将适量清水倒入锅中，再将红小豆放入，先用大火煮开，再调至小火，直至红小豆被煮烂，然后用滤网将锅中的水滤出，只剩红小豆。

3. 再依照个人喜好，加入适量红糖。将火打开，调至小火，不断进行搅拌，让红豆与红糖充分融合，直到红豆成为泥状即可。

注意事项：

由于红豆受到众多人的欢迎，随之在市面上也出现很多假冒的红豆，不良商家用广东的相思豆代替红豆。所以，各位家长朋友在挑选红豆时一定要认真进行挑选。相思豆的颜色不纯，一般是半黑半红，而红豆则是颜色均匀的。而且，红豆颜色越暗淡，质量越好。

红豆泥适合 10 个月以上的宝宝以及儿童食用。需要注意的是，宝宝的消化系统还处于适应阶段，为了不损伤宝宝的消化系统，最好在红豆泥中加入些许温水，让其变得稀一些。第一次先尝试一勺，如果宝宝

没有不舒服的反应，就再渐渐加量。

营养分析：

红豆既是一种食材，也是一类中药材，对人体有十分重要的帮助。红豆中含有丰富的B族维生素、蛋白质以及钾、磷、铁等矿物质，能够为人体提供多种营养物质。其中，丰富的铁元素，能够有效改善因缺铁引起的贫血症状。红豆中含有大量的膳食纤维，能够加速胃肠蠕动，提高消化功能，起到润肠通便的作用。另外，红豆对脾胃能够起到良好的保护效果，如果孩子的脾胃功能较差，则更加适合食用。红豆泥还有助于增加血液循环，提高免疫力。

红薯泥——丰富的赖氨酸

原料：红薯120克。

做法：

1. 先将红薯清洗干净，在锅中加入适量清水，将红薯煮熟，关火，将红薯捞出。

2. 将红薯皮剥掉之后放入保鲜袋中，用擀面杖将其擀成泥状；然后将红薯泥放入碗中，依照个人喜好加入适量白糖，充分搅拌后，即可食用。

注意事项：

在挑选红薯时，一定要注意红薯的质量，不要选择有黑斑的红薯。这类黑斑毒性较强，即使是蒸煮后也无法消散，极易对孩子的肝脏起到危害性，尤其是还未满1岁的宝宝们。在煮红薯时，一定要确定，将红薯充分煮透、煮熟，否则会让孩子出现胃胀、嗝气等不适症状。

孩子都喜欢甜食，但食用过多的糖分对孩子身体无益。因此，要尽量选择甜度较大的红薯，避免再加入白砂糖。一般来说，放置时间越久，红薯的香甜度越大，家长可以根据这一特点进行挑选。

由于5个月以下的宝宝消化系统尚未成熟，极易出现消化不良以及过敏反应，因此这道红薯泥仅适合5个月以上的宝宝以及儿童食用。需要注意的是，给宝宝喂食时，不要过多，一天1～2勺即可。

营养分析：

红薯中富含维生素A、维生素B、维生素C、维生素E、胡萝卜素、膳食纤维以及铁、钾、钙等多种营养物质。其中，红薯中含有大量的膳食纤维，能够有效促进胃肠蠕动，促进消化，尤其适合脾胃较弱的孩子食用。富含的胡萝卜素，能够有效预防儿童夜盲症的发生。另外，红薯中富含大量的赖氨酸，能够有效帮助皮肤加快新陈代谢，并对致癌的氧自由基起到十分有效的抑制作用，帮助孩子提高免疫力。

鲜虾泥——富含多种维生素和矿物质

原料：鲜虾60克，食用盐适量。

做法：

1. 先将鲜虾去皮，处理干净；然后洗干净虾肉，充分剁碎，使之成为泥状；最后将其放入碗中，放入适量清水，放到蒸笼中。

2. 将虾泥充分蒸熟，加入适量食盐，充分搅拌后即可食用。

注意事项：

鲜虾虽然营养丰富，但是也存在一定的风险，尤其在存在质量问题时，为人体带来的危害极大。因此，各位家长在挑选鲜虾时，一定要多加留意，不要挑选身体发软、颜色偏红、没有头的虾，这样的虾往往都不新鲜。虾壳较硬、背部发青、弯曲较大的虾则较为新鲜。

在处理鲜虾时，一定要将其外皮、头部等处理干净，尤其要注意其背上的虾线，如果处理不干净，就极易让孩子出现腹泻、呕吐等不良反应。

在蒸虾肉时，尽量多蒸一段时间，确定虾肉已经完全熟透。由于鲜虾在水中生长，本身携带大量的细菌以及寄生虫。如果不将其煮熟，就

极易对孩子的肠胃造成危害。

另外，此道鲜虾泥不适宜 7 个月以下的宝宝食用。如果您家的孩子属于敏感体质，则也不要轻易食用，可以稍微尝试少许，确定没有不良反应后，再正常进食。

营养分析：

鲜虾泥不仅口感鲜美，还富有丰富的脂肪、蛋白质、不饱和脂肪酸、多种维生素以及氨基酸、多种矿物质等，能够为人体提供大量的营养物质。其中，蛋白质、多种氨基酸以及不饱和脂肪酸，能够有效帮助宝宝增强手腕力量。含有大量的维生素以及钙，能够为处于生长期的孩子们提供充足的钙质，改善缺钙现象。

苹果胡萝卜泥——补充多种营养素

原料：胡萝卜 1 个，苹果 2 个。

做法：

1. 将苹果清洗干净，去除果皮，切成块状；将胡萝卜清洗干净，切成块状。

2. 将苹果块、胡萝卜块捣成泥状，充分搅拌在一起。在泥糊中加入适量清水，将泥糊放入微波炉中，2 分钟后拿出，即可食用。

注意事项：

挑选胡萝卜时，尽量选择体态适中、颜色较为鲜亮的，此类胡萝卜口感较好，也较为新鲜。另外，苹果尽量选择红富士，其香甜的口感，十分适合小孩子。

很多家长为了保证食材的新鲜、健康，会将果皮去掉。但是，对胡萝卜来说，其果皮的营养价值最高，因此不建议去除果皮。家长们可以提前将胡萝卜放入盐水中，充分浸泡一下，这样可以去除表皮附着的 80% 的有害物质。

如果您的孩子，脾胃功能较弱，属于体质偏寒的类型，则可以先将胡萝卜煮熟，如此可促进消化，减少对肠胃的刺激。由于泥类食物需要较强的消化能力，因此不建议1岁以下的宝宝食用。

营养分析：

苹果中富含维生素C、果胶、食物纤维等多种营养元素。其中，大量的维生素C能够有效增强小儿身体免疫力，促进身体发育。大量的果胶，能够有效促进消化，减少细菌滋生，增强胃肠动力。

胡萝卜中富含胡萝卜素、维生素A等营养元素。其中，大量的维生素A，能够有效促进肠道黏膜、皮肤黏膜的正常发育，促进骨骼生长。胡萝卜还能够有效预防小儿夜盲症。

胡萝卜与苹果搭配，能够有效帮助孩子提高新陈代谢，提高丰富的营养，促进孩子健康成长。

青菜糊——补充膳食纤维，促进消化

原料：小白菜200克，面粉适量，葱、蒜各适量。

做法：

1. 将小白菜清洗干净，切成段状；将葱、蒜清洗干净，葱切段，蒜切片。

2. 在锅中加入适量食用油，放入葱段、蒜片，煸炒出香味后，放入青菜不断翻炒，直至青菜炒熟，倒入适量清水。

3. 准备一个盆子，加入适量面粉，添加清水，做成面糊，当锅中的清水沸腾后，将面糊倒入，充分搅拌，煮开后，加入适量调味料即可。

注意事项：

现在蔬菜表面的农药较多，各位家长在清洗小白菜时，可以先将其放置在盐水中，浸泡5分钟左右，帮助清除附着在菜叶表面的80%农药残留。

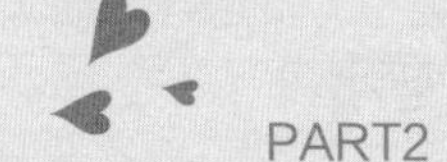

小白菜性寒，如果您家孩子的脾胃虚弱、容易腹泻，则此青菜糊不宜长时间、过多食用。

在烹饪小白菜时，一定要将其充分煮熟，同时，也应注意其烹煮的时间，时间太久会让小白菜中的营养成分流失。

营养分析：

小白菜中富含维生素C、蛋白质、维生素B_2、膳食纤维、胡萝卜素以及铁、钙、磷等多种营养物质。其钙质尤为丰富，能够有效预防小儿佝偻病，促进骨骼生长。富含大量的维生素B_1等元素，能够有效缓解紧张情绪，特别适合小孩考试前食用。另外，小白菜中富含膳食纤维，能够有效加强肠胃蠕动，促进消化，帮助小儿吸收营养物质。

豌豆糊——防治小儿腹泻和红便

原料：豌豆10个，肉汤适量。

做法：

1. 将豌豆清洗干净；将香蕉捣成泥状。

2. 在锅中加入适量清水，放入豌豆，将其煮烂后捞出，捣成泥状。

3. 另外准备一个炖锅，倒入适量肉汤，放入豌豆泥，不断搅拌熬煮，当豌豆泥黏稠时，加入香蕉泥，倒入适量牛奶，充分搅拌、熬煮即可。

注意事项：

在挑选豌豆时，要尽量选择荚果扁圆、能够发出咔嚓响声的种类，此类豌豆成熟度刚好，也较为新鲜。

香蕉性寒，如果您家的孩子体质偏寒，脾胃较为虚弱，则不宜过多饮用。小儿不宜过多食用，极易引发腹胀等不良症状。

营养分析：

豌豆中含有大量的维生素C、粗纤维、叶酸、蛋白质以及锌、铁、镁、钙等多种营养元素。大量的蛋白质，能够有效帮助宝宝增强骨骼以及脑部发育，促进成长；丰富的粗纤维，能够有效加强胃肠蠕动，起到治愈腹泻的良好效果。

香蕉中富含大量的维生素 A，对小儿视力起到良好的保护作用。另外，香蕉还可以清热解毒，有效增强肠胃动力，帮助消化，促进营养吸收。

此道豌豆糊可以有效增强脾胃功能，起到增加食欲、促进消化的功效，对小儿腹泻具有良好的治愈效果，并能缓解小儿红便现象。

豆腐糊——丰富的蛋白质

原料：豆腐 250 克，肉汤适量。

做法：

1. 将豆腐切成小块状，并捣成糊状，放入盘中。

2. 在锅中加入适量肉汤，大火熬煮，煮开后放入豆腐糊，不断搅拌。

3. 改小火慢慢熬煮，直至再次煮开，加入适量食盐，搅拌后，即可倒出食用。

注意事项：

虽然豆腐的种类有很多种，但是在挑选时，也有相同的注意事项：不要选择看起来过于发白的豆腐，此类大多数都是添加漂白剂的结果。另外，最好去正规超市选购豆腐，否则极易买到腐败的豆腐。买回豆腐后，要将其放入冰箱或是清水中，以保证其新鲜程度。

熬煮豆腐糊时，时间不宜过长，否则会让豆腐中的蛋白质出现凝固效果，不利于孩子消化与吸收。

豆腐虽然营养丰富、口感较软，也容易吸收，但由于其本身含有大量的蛋白质，需要较强的消化系统，因此不适合 1 岁以下的宝宝食用。

营养分析：

豆腐中富含蛋白质、碳水化合物、脂肪、多种维生素以及镁、钙等营养元素。其中，大量的蛋白质能够有效帮助孩子提高身体免疫力，促

进骨骼与大脑发育。另外，豆腐中的蛋白质尤为特殊，与其他食物并不相同，豆腐中的蛋白质、氨基酸的比例，与人体极为相似，更加适合人体吸收利用。另外，豆腐富含的大豆卵磷脂，能够帮助孩子加速大脑发育，提高孩子智力。

蛋黄土豆泥——富含各种维生素和矿物质

原料：土豆 2 个，鸡蛋 1 个，牛奶适量。

做法：

1. 将鸡蛋煮熟，取出蛋黄，将其捣成泥状。

2. 将土豆清洗干净，去除外皮，切成小块状，放入蒸笼中，将其蒸熟后取出，充分晒晾一段时间，将其中的水分蒸发掉，然后捣成泥状。

3. 在锅中加入适量食用油，放入蛋黄、土豆泥充分翻炒，倒入适量牛奶，放入少量食盐，待土豆泥变为金黄色后，即可出锅。

注意事项：

在挑选土豆时，要尽量选择外皮较薄、干燥的种类，此类土豆较为新鲜。另外，家长们也可以选择圆形的土豆，这类土豆更加容易去皮。在食用土豆时，要十分留意，只要是发芽、发霉的土豆，千万不可食用，这种土豆还有的龙葵素，具有很大的毒性，极易引起过敏中毒反应。

在做土豆泥时，很多家长习惯于煮，其实，在煮的过程中，土豆中的部分营养就已经流失了，最佳的营养方式，便是我们推荐的“蒸”，这种烹饪方式会在最大程度上留住土豆中的全部营养。

在切土豆块时，为了防止其淀粉流失，很多家长都会选择用水浸泡的方法。不过，需要注意的是，不要将土豆浸泡太长时间，否则就会破坏土豆中的水溶性维生素。

营养分析：

土豆富含蛋白质、无机盐、膳食纤维、矿物质以及维生素 B_2、维生素C、维生素E等多种营养物质，能够为人体提供多种营养。其中，大量的维生素C能够有效增强人体免疫力，促进人体生长发育。大量的抗坏血酸与胡萝卜素，能够有效增强眼部活力。另外，还有锌、钾、铁、钙等多种无机盐，也能满足处于生长期儿童的需要。

蛋黄中同样富含卵磷脂、脂肪、蛋白质以及多种维生素与无机盐。土豆与蛋黄相结合，既能满足儿童的全方面营养摄入，又能够增强孩子的食欲，土豆独有的膳食纤维还能够帮助孩子消化，促进脾胃功能。

粥羹类

二米粥——为宝宝提供更全面的营养

原料：大米，小米。

做法：

1. 先将大米、小米分别淘洗干净，然后一起放入冷水中，浸泡30分钟。

2. 在锅中加入适量清水，大火将水煮开，放入大米、小米。大火将米煮开，再转至小火，充分熬煮，熬煮至黏稠状后，将米倒入碗中，即可食用。

注意事项：

无论是何种米，都要挑选新鲜的，才能保证其里面的营养成分不会流失。尤其是小米，如果不是新鲜的，则不但不能保护我们的胃黏膜，还极易引发胃溃疡。

在挑选大米时，要尽量挑选外表为透亮米色、味道清香的，此类为新鲜大米；在挑选小米时，要多加留意，如果其表面呈现非常均匀的焦黄色，则很有可能是经过了化学染色，要尽量挑选干燥、淡黄色的。

另外，在熬煮时，一定注意，将冷水煮开后，再放入小米。因为小米中富含大量的维生素 B_1，冷水容易破坏这种营养物质。

小米性凉，如果您家孩子的体质偏寒，那么要尽量少吃，或是将大米的比例调高一些。

营养分析：

此粥中含有大米、小米两种谷物。大米中含有丰富的蛋白质、谷维素、无机盐以及多种维生素。其米汤性平，能够帮助宝宝增强胃液分泌，提高消化功能，并帮助宝宝增强对奶粉的吸收。此粥含有大量的 B 族维生素，能够有效预防和治愈口腔炎。

小米富含的蛋白质是大米的几倍，更具有主粮缺少的胡萝卜素，还富含铁、锌、磷等矿物质，能够有效帮助孩子提高脑动力，起到健脑作用。

此粥将大米和小米混合搭配，能够为孩子提供更加全面的营养。

牛奶麦片粥——补充蛋白质、钙、铁、磷

原料：牛奶 300 克，燕麦 60 克，白砂糖适量。

做法：

1. 将适量清水倒入锅中，开大火煮开后放入燕麦。

2. 大火煮开后，调至小火，慢慢熬煮，直至燕麦变成黏稠状，然后加入牛奶，充分搅拌，小火煮开后，再熬制 5 分钟。

3. 将牛奶麦片粥倒入碗中，加入适量白糖，即可食用。

注意事项：

各位家长要把握好熬煮此粥的窍门：先煮熟燕麦再加入牛奶，这不但能够让粥变得更加黏稠，而且还不会糊锅，熬煮出来的牛奶麦片粥更加香甜。

由于宝宝的消化系统比较弱，因此这道粥仅适合 7 个月以上的宝宝以及儿童食用。在给宝宝熬煮燕麦时，要尽量将其煮得烂一些，这样更加有利于宝宝消化。

此粥的食用时间，最好放在早上。无论是婴儿还是儿童，其身体的消化系统在早上都最为强健，吸收营养能力最强。如果在晚上食用，则非但不能发挥功效，反而还会为胃肠增加负担。

营养分析：

麦片中富含膳食纤维以及铁、钙、磷、锌等多种营养元素，能够有效帮助宝宝骨骼生长，增强宝宝的皮肤功能。其中，大量的亚油酸，能够有效改善便秘现象，并加速血液循环，能够有效加快处于生长期的孩子们的新陈代谢，尤其适合大便发干的宝宝以及儿童食用。

牛奶中富含多种维生素、蛋白质以及钾、钙、镁等，其中，丰富的钙能够有效为孩子们补充钙质，促进骨骼发育，尤其适合缺钙的孩子。大量的维生素能够有效为眼睛提供营养，缓解眼睛疲劳，有效预防儿童近视。另外，牛奶中富含的卵磷脂与铁铜能够有效提高大脑的运转速度，提高孩子的脑活力。

红枣粥——补充铁、钙及多种维生素

原料：大米 150 克，红枣 40 克，蜂蜜适量。

做法：

1. 先将红枣清洗干净，去除枣核，放入水中浸泡；将大米淘洗干净，放置一旁备用。

2. 在锅中加入适量清水，放入红枣，小火微煮，然后将大米放入，调至大火。

3. 大火将粥煮开后，再调至小火，慢慢熬煮，注意不断进行搅拌，直到粥变为黏稠状，加入适量蜂蜜，充分搅拌后，即可盛出食用。

注意事项：

市面上的红枣多种多样，价格不一，家长们可以用下面的方法，挑选到优质的红枣：优质红枣颜色呈深色，比较灰暗；形状较为统一，外

皮较为光滑；摸起来比较光滑；闻起来有香甜的味道。

在给 3 岁以下的宝宝食用时，一定要将枣核去掉，并确保将红枣粥煮烂，以免大块枣肉将宝宝的喉咙卡住。由于 7 个月以下的宝宝消化系统尚未成熟，因此此粥仅适合 7 个月以上的宝宝以及儿童食用。

营养分析：

红枣中富含叶酸、胡萝卜素、维生素 A、维生素 C、维生素 E 以及钾、磷、镁、钙等营养元素。其中，大量的维生素 C，能够有效帮助孩子提高免疫力；丰富的钙质能够为处于生长期的儿童补充钙质，促进骨骼发育。

大米中含有丰富的 B 族维生素、无机盐、谷维素以及蛋白质等营养物质。其中，大量的 B 族维生素，能够有效地预防和治愈口腔炎。

此粥性平，能够滋养脾胃，尤其适合脾胃较弱的孩子食用。同时，此粥还能够帮助宝宝增强胃液分泌，提高消化功能，并能够帮助宝宝提高对奶粉营养的吸收能力。

淮山粥——补充多种氨基酸，健脾胃

原料：粳米 120 克，生淮山 50 克，冰糖适量。

做法：

1. 将粳米淘洗干净，在清水中浸泡 20 分钟；将生淮山清洗干净，切成片状。

2. 在锅中加入适量清水，放入淮山、粳米，大火煮开后，调至小火，慢慢熬煮，直至变成黏稠状，加入适量冰糖，充分搅拌。

注意事项：

淮山药基本分为两种，一种口感较脆，一种口感较“面”。在熬煮淮山粥时，则要尽量挑选后者。发“面”的山药具有以下特点：表皮较为粗糙、头或茎上没有突出部分。在挑选粳米时，则要注意其新鲜性，新鲜的粳米具有以下特点：外表为光亮的乳白色、味道清香、胚芽为乳白色。

刚买来的新鲜淮山，在切片时，经常会出现白色的黏液，不利于操作，家长们在清洗淮山时，可以加入些食醋，便可减少黏液泌出。

由于淮山有收敛效果，所以孩子在感冒期间，不宜食用此粥。虽然此粥营养丰富，但是也不宜过多食用，否则容易造成孩子出现腹胀现象。

营养分析：

淮山中富含多酚氧化酶、淀粉酶、皂苷、多种维生素等营养元素。其中，淀粉酶、多酚氧化酶能够增强脾胃功能，尤其适合脾胃虚弱的儿童食用；皂苷能够起到一定程度的滋润、润滑效果，有效治疗小儿咳嗽。

粳米中含有粗纤维分子，能够加强胃部蠕动，加强消化功能。另外，粳米能够调节血液循环，帮助人体提高免疫力，加强小儿的抗病能力。同时，粳米还能够缓解过敏现象，对过敏体质的小儿具有一定的治疗效果。

此粥能够起到强健脾胃的效果，尤其适合经常腹泻的儿童食用。

栗子粥——富含多种营养素

原料：栗子、大米各适量。

做法：

1. 将大米淘洗干净，放入清水中浸泡 30 分钟。

2. 在锅中加入适量清水，大火煮开后，放入栗子，充分煮熟，然后捞出，去掉外皮。

3. 另起一锅，加入适量清水，放入大米，开到中火；在熬煮大米的过程中，将栗子擦成丝绒状，待大米煮开后，放入栗子绒，转至小火，熬煮 20 分钟即可。

注意事项：

在挑选栗子时，尽量不要选择果肉太过白嫩或是金灿灿的，这类果肉极有可能加入了化学添加剂，对人体有一定的伤害。

虽然栗子极具营养，但是，也要注意好吃的时间，如果吃的时间没有掌握对，可就是事倍功半的效果了。由于栗子中含有较多淀粉，极易导致肥胖，所以最好将这道粥放在两餐中间给孩子食用，这样既能补充能量，又能防止出现肥胖问题。

在给栗子去皮时，家长们可以掌握一定的小技巧，找准其凹面中心，用力捏起，就能很容易地去掉外壳；还可以将带有硬皮的栗子放在盐水中，让盐水令壳与果肉分开，轻轻一捏，就能立刻去掉。

营养分析：

栗子中含有脂肪、蛋白质、胡萝卜素、钙、铁、磷等物质。其中，大量的维生素C是苹果的10倍，能够有效满足儿童对维生素C的需求，提高人体免疫力，促进营养的吸收。当栗子被煮熟后，其潜在的多种维生素便发挥最佳功用，大量的胡萝卜素，能够有效保护儿童视力，促进眼部发育。

栗子与大米相结合的这道栗子粥，味道香甜，能够为人体能够多种营养，促进儿童的生长发育，对脾胃较弱的孩子起到良好的调理作用。

蛋黄粥——珍贵的脂溶性维生素

原料：大米60克，鸡蛋1个。

做法：

1. 将鸡蛋打入碗中，只留蛋黄部分，充分搅拌。

2. 将大米淘洗干净，在锅中加入适量清水，放入大米，大火煮开后调至小火，慢慢熬煮。

3. 直至大米粥变得黏稠后，将搅拌好的蛋黄放入，不断搅拌，5分钟后即可出锅。可以根据个人喜好，加入适量食盐。

注意事项：

市面上出现了很多假冒鸡蛋、坏鸡蛋，严重影响我们的身体健康，也让很多家长在挑选鸡蛋时，不知从何下手。新鲜的鸡蛋，应该是外表干净、光滑；重量相似，摸起来略微粗糙；晃动时不会出现任何声响。

由于此粥富含大量的蛋白质，需要胃肠功能将其消化，1岁以下的宝宝在食用时，家长可以加些温水稀释，每天吃3勺就可以了，不宜过多。

6个月以下的宝宝，消化系统尚未成熟，因此不适宜食用。

营养分析：

蛋黄中富含单不饱和脂肪酸、脂溶性维生素以及铁、磷等矿物质。其中，脂溶性维生素，即维生素A、维生素D、维生素E、维生素K等，能够有效为人体提供多种营养，增强小儿身体免疫力；富含的玉米素、叶黄素，对眼睛起到极佳的保护效果，十分有利于宝宝的眼部发育，缓解小儿用眼过度引发的疲劳现象；大量的钙物质，能够有效促进大脑的活跃性，让孩子智力得到提高。

大米则富含蛋白质、谷维素以及多种B族维生素，其中，大量的B族维生素，能够有效地预防和治愈口腔炎，尤其适合有口腔炎症的孩子食用。

大米和蛋黄相结合，既能起到互补作用，又能为孩子提供全面的营养，让孩子保持活力、精力充沛。

鸡蛋羹——富含蛋白质和铁

原料：鸡蛋2个，食盐、香油各适量。

做法：

1. 将鸡蛋打入碗中并充分搅拌，在搅拌过程中加入适量清水（约为鸡蛋的4倍），然后放入少许淀粉再次搅拌，直至蛋液变得均匀。

2. 在碗上覆一层保鲜膜，同时插出几个用来通气的小孔；在锅中倒入适量清水，放上蒸笼，再将碗放入蒸笼中，开启小火，蒸 25 分钟左右便可关火。

3. 拿出蒸好的鸡蛋羹，用刀划上几个口子，加入适量食盐。如果孩子喜欢香油，则也可以淋上少许，用来提味。

注意事项：

在蒸鸡蛋羹时，一定要注意水和蛋液的比例，过多或是过少，会出现鸡蛋羹不成形或是不嫩的结果。其次，在蒸的过程中，不要拿开盖子往里面加水，由于本身空气的作用，就会令鸡蛋羹表皮变得像蜂窝一样，既影响美观，又影响口感。

很多家长习惯在搅拌鸡蛋前，就加入食盐。这一做法，不但会破坏鸡蛋本身的营养，还会导致鸡蛋羹凝成大块，不再鲜嫩。

虽然鸡蛋羹非常松软，适合牙齿未发育的宝宝食用，但是由于 6 个月以下宝宝的消化系统尚未成熟，极易发生过敏反应，因此，鸡蛋羹仅适合 6 个月以上的宝宝以及儿童食用。

营养分析：

鸡蛋羹松软可口，尤其适合宝宝食用，它不但口感美味，而且含有充足的营养物质。鸡蛋清中含有 8 种人体必需氨基酸以及大量的蛋白质，对皮肤起到保护作用，能加强皮肤的抗菌性，减少细菌侵袭；同时，蛋清也具有解毒清热的效果，尤其适合容易上火、体内火气旺盛的孩子食用。蛋黄中则含有珍贵的脂溶性维生素，能够为人体带来必需的营养物质，尤其是大量的钙元素，能够有效促进孩子的骨骼生长，促进发育。

肉糜粥——提供血红素和半胱氨酸

原料：鸡蛋 1 只，瘦肉 25 克，大米适量。

做法：

1. 将大米淘洗干净，放入水中浸泡 30 分钟；将鸡蛋充分搅拌。

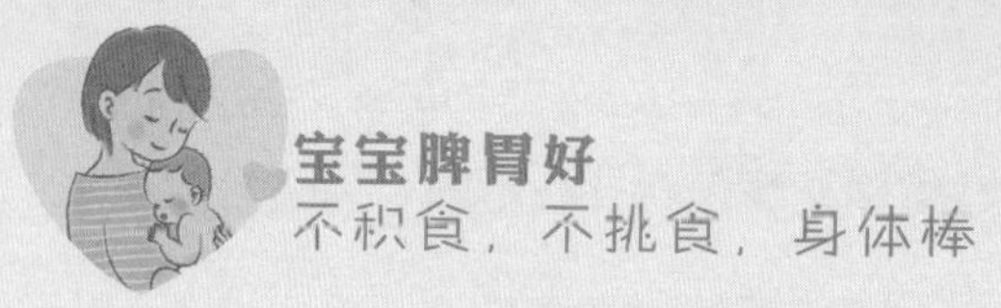

2. 在锅中加入适量清水，大火煮开，将瘦肉放入开水中，充分煮熟，然后捞出，沥干水，将肉切成肉泥。

3. 另起一锅，放入清水，再放入大米、肉泥。大火煮开后，调至小火，慢慢熬煮，不断进行搅拌，直到熬煮至粥变黏稠，再加入搅拌好的鸡蛋，充分搅拌，15 分钟后，即可食用。

注意事项：

在做之前，不能先将肉剁碎，这样既不方便蒸熟，又很容易让肉连成很大一块，不方便让宝宝食用。因此，一定要先将肉整块煮烂后，再将其剁碎。

肉类食品，对孩子来说，还比较难以消化，尤其是 2 岁以下的宝宝。所以，家长们在制作时，一定要将肉切至最细，也要尽可能地长时间熬煮，以便于孩子能更好地吸收。由于 1 岁以下的宝宝消化系统尚未成熟，肉类食品又需要较强的消化力，因此不建议 1 岁以下宝宝食用。

同时，3 岁以下的孩子在食用时，尽量不要加入食盐，以免对孩子的肾脏造成不必要的负担。

营养分析：

此粥中含有瘦肉、鸡蛋、大米等多种营养物质。瘦肉中富含铁、钠、磷、维生素 B_1、蛋白质以及无机盐等多种营养元素，而且与肥肉相比，更加容易被人体吸收。此粥含有半胱氨酸等人体必需的氨基酸，并能够为孩子的发育提供充足的矿物质。鸡蛋中则含有大量的蛋白质、氨基酸以及钙物质，能够有效促进孩子的骨骼生长、增强脑活力。此粥还富含多种维生素，能够有效为人体补充多种营养，提高机体免疫力。

鸡肉粥——补充氨基酸和不饱和脂肪酸

原料：大米、鸡肉、调味品各适量。

做法：

1. 将鸡肉处理干净，用清水洗净后，放入高压锅中煮熟，然后取出切成丝状。

2. 将大米清洗干净，在清水中浸泡 30 分钟，在锅中加入适量清水，放入大米，大火煮开，调至小火，慢慢熬煮。

3. 在熬煮大米的过程中，另起一锅，加入食用油，放入鸡肉丝，倒入调味料充分翻炒，搅拌均匀后，将炒好的鸡肉放入大米粥中，熬制黏稠状，即可出锅。

注意事项：

由于现在市面上鸡肉的质量参差不齐，因此，各位家长在挑选鸡肉时，要多加注意。很多商家会将未卖出的鸡肉冷冻，留着继续贩卖，这类鸡肉大多质量较差，又不新鲜，呈现暗红色外表。另外，大家在购买时，要留意一下鸡翅膀下是否有针孔痕迹，如果有明显针痕，则是打过药的鸡种，存在严重的质量问题。

在处理鸡肉时，可以将其放入沸水中焯 5 分钟，既可以去除腥味，又可能保存鸡肉的鲜美味道。

鸡肉中富含多种营养物质，尤其含有大量的蛋白质，需要较强的消化能力，因此不适合消化系统尚未完善的宝宝食用，此道粥品仅适合 1 岁以上的宝宝食用。

营养分析：

鸡肉中含有蛋白质、磷脂、脂肪、不饱和脂肪酸、多种必备氨基酸以及维生素 C、维生素 E 等，能够为人体补充多种营养物质。大量的维生素 C 能够有效提高人体免疫力，促进营养吸收。另外，鸡肉中含有人体所需的 8 种氨基酸，其比例与人体所需极为相似，更加容易被人体吸收。大量的不饱和脂肪酸，也能直接被人体吸收利用，促进儿童的生长发育。

除此之外，鸡肉与大米的良好搭配，能够有效滋养脾胃，促进食欲，帮助孩子增强肠胃功能，改善消化系统。

猪肝泥粥——补铁的最佳选择

原料：大米 60 克，猪肝 1 个，高汤 3 杯。

做法：

1. 将大米淘洗干净，放入清水中浸泡 30 分钟。

2. 将猪肝清洗干净。在锅中加入适量清水，将猪肝放入，大火煮开后，调至小火，直至将猪肝充分煮熟，然后取出用刀剁成泥状。

3. 在锅中加入适量清水，大火将水煮开后，放入大米，将高汤倒入，充分搅拌。大火煮开后，放入猪肝，不断搅拌。

4. 再次煮开后，将火调至小火，充分搅拌，直至粥变为黏稠状。

注意事项：

市面上猪肝的质量参差不齐，只有挑选质量上乘的猪肝，才能为孩子提供安全的营养。家长们在挑选猪肝时，要注意其外表，只有摸起来娇嫩、肉质分布匀称、手指可以戳开的才是优质猪肝。

猪肝泥虽然富含多种营养，但不适宜多食。一般来说，一星期吃一次，就可以满足孩子的营养需要了。由于猪肝属于消化较难的食物种类，因此，家长在制作时，一定要尽量将猪肝弄碎，以便于孩子吸收。另外，由于宝宝的消化系统尚未成熟，此粥不适于 9 个月以下的宝宝食用。

营养分析：

猪肝中含有丰富的维生素 A、钙、铁、磷、核黄素等多种营养元素。其中，大量的维生素 A，能对眼睛起到保护作用，缓解眼部疲劳，尤其适合用眼过度的孩子；同时，还能够提高皮肤的修复功能，促进孩子的骨骼正常发育。丰富的铁质，能够为人体补充铁元素，改善小儿因缺铁导致的贫血症状。

大米中有大量的蛋白质、谷维素以及多种 B 族维生素，能够有效地预防和治愈口腔炎。

猪肝与大米相搭配，能为正在发育的孩子提供多种营养，促进孩子

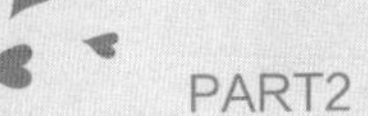

健康发育。

淮山赤豆羹——促进消化，保养脾胃

原料：淮山药 250 克，赤豆 80 克，冰糖、淀粉各适量。

做法：

1. 提前将红豆清洗干净，并在水中浸泡 8 个小时。

2. 在锅中加入适量清水，将红豆放入，大火煮开，再转至小火，直至将红豆煮熟。

3. 将淮山药清洗干净，去皮。

4. 在砂锅中加入适量清水，放入淮山药、红豆，大火煮开后，再转至小火，加入少许冰糖，不断进行搅拌。熬煮 40 分钟左右，直至羹变黏稠即可。

注意事项：

在挑选红豆时，要注意红豆外表颜色，质量上乘的红豆颜色均匀，不会呈现亮色。市面上的淮山药大致有两类：一类比较脆，另一类比较软。在熬煮这道羹品时，家长尽量选择较软的淮山药，这样既可以保证口感，又能让孩子更好地吸收。

此道羹品营养丰富，需要较强的消化能力，因此，仅适合于 10 个月以上的宝宝以及儿童食用。需要注意的是，3 岁以下的孩子在第一次食用时，家长可以将羹品做得稍微稀一些，这样能够对孩子的消化系统起到保护作用。如果孩子没有不适反应，则可以逐渐恢复羹品的黏稠度。

营养分析：

淮山中含有多种维生素、多酚氧化酶、皂苷以及淀粉酶等营养元素。淀粉酶、多酚氧化酶能够对胃壁起到保护作用，同时，增强脾胃功能，特别适合脾胃虚弱的儿童食用。

红豆中含有丰富的 B 族维生素、蛋白质以及钾、磷、铁等，能够为

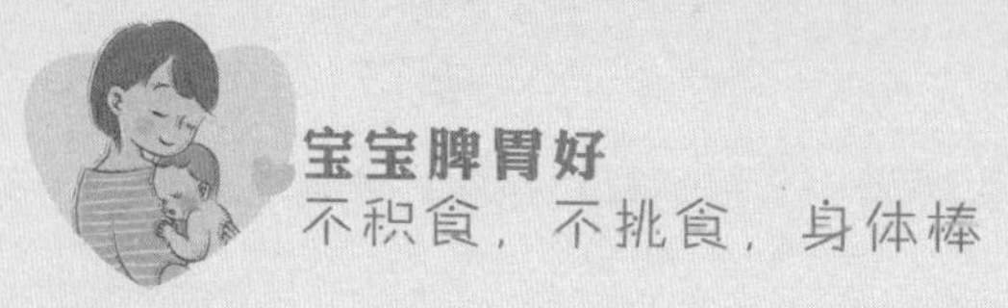

人体提供多种营养物质。丰富的铁元素，能够有效改善因缺铁引起的贫血症状。大量的膳食纤维，能够加速胃肠蠕动，帮助人体提高消化功能。另外，红豆对脾胃能够起到良好的保护效果，尤其适合脾胃功能较差的孩子食用。

银耳百合粥——滋养润肺，预防咳嗽

原料：银耳 15 克，百合 15 克，粳米 60 克，冰糖适量。

做法：

1. 先将百合、银耳泡入水中，泡发后充分清洗干净。

2. 将粳米淘洗干净，放入有清水的锅中，大火将粥煮开，再调至小火，慢慢熬煮。当粥变黏稠时，放入银耳、百合，不断进行搅拌。

3. 百合、银耳稍微开始融化时，即可关火。加入适量冰糖，充分搅拌后，即可食用。

注意事项：

银耳与百合都是珍贵的滋补食材，能为人体提供多种营养。然而，劣等的食材反而会对人体造成危害。因此，家长们在挑选银耳与百合时，一定要多加留意。表面发白、耳朵完整、肉厚、摸起来较硬、闻起来味道清香的，为质量上乘的银耳。肉质较厚、个头偏大、颜色为正常乳白色的，为新鲜百合。

此道粥品适合 9 个月以上的宝宝食用，2 岁以下的宝宝在第一次食用时，可以加入适量温水，将粥稀释，以保护宝宝的消化道。此粥在秋天食用效果最佳。

营养分析：

银耳中含有大量的维生素 D、蛋白质、多种氨基酸以及铁、钙、磷、钾等物质。丰富的维生素 D，对钙质起到重要的保护作用，有利于孩子的骨骼发育。大量的膳食纤维，能够有效加速胃肠蠕动，促进消化，特

别适合消化不良的孩子食用。多种微量元素，能够帮助机体提高自身免疫力。

百合中含有大量的淀粉、蛋白质、维生素 C 以及多样生物碱。丰富的维生素 C，能够提高孩子的免疫力，促进生长发育。另外，含有的特殊秋水仙碱等生物碱，能够对身体起到重要的滋补作用，对因干燥引起的多种疾病起到重要的预防功效。

汤类

粳米汤——补充矿物质、蛋白质、维生素 B

原料：粳米 80 克。

做法：

1. 先将粳米淘洗干净，在水中浸泡 30 分钟。

2. 在锅中加入适量清水，放入粳米，大火煮开后，调至小火，熬 30 分钟左右即可。

注意事项：

在挑选粳米时，要注意其质量与新鲜度。质量上乘、新鲜的粳米具有以下特点：外表光洁、呈现乳白色；胚芽呈现淡黄色或是乳白色；闻起来比较清香。

由于粳米质地较硬，因此在给孩子熬制米汤时，要尽量多熬一段时间。尤其是在给宝宝熬汤时，更要注意时间。由于宝宝的消化能力较弱，不容易吸收粳米，粳米汤就成为良好的营养来源。米汤越浓，富含的营养成分便越高。

由于 5 个月以内的宝宝仍旧以母乳为主，消化系统较弱，因此不建议食用此类含有蛋白质的米汤，以免导致过敏现象。

营养分析：

粳米富含大量的粗纤维分子，能够有效加速胃部蠕动，增强孩子的消化功能，尤其适合经常消化不良的孩子食用。粳米还能够调节血液循环，帮助人体提高免疫力，加强小儿的抗病能力。同时，还能够缓解过敏现象，对过敏体质的小儿具有一定的治疗效果。富含大量的蛋白质，能够有效促进孩子的生长发育。

粳米本身的很多营养元素，在熬煮米汤的过程中，已经充分渗入到米汤中，并且，变得更加容易被吸收。经过熬煮，米汤中富含维生素 B_1、维生素 B_2、以及其他多种营养物质，性平，十分有利于促进孩子的消化功能，又可预防皮肤类疾病的发生。粳米汤既可以当作儿童的辅食，又可以用米汤给婴儿冲泡奶粉，更加有利于婴儿对营养的吸收。

小米汤——助消化、保养脾胃

原料：小米 60 克。

做法：

1. 将小米充分淘洗干净，向锅中加入适量清水，大火将水煮开后放入小米。

2. 大火煮开后，调至小火，熬煮 30 分钟左右即可。

注意事项：

小米富含大量的营养，有利于人体健康，但是，如果小米不新鲜，则不仅能保护我们的胃黏膜，还极易引发胃溃疡现象。因此，在挑选小米时，一定要注意其新鲜性。尽量选择外表呈现淡黄色、摸起来手感很干燥的小米，那些看起来色度均匀、呈现焦黄色的小米，基本都是经过化学染色的，对人体危害极大。

在熬煮时，一定将冷水煮开后，再放入小米。如果将小米直接放入冷水中，就会破坏小米中的维生素 B_1。

小米性凉，假如孩子属于偏寒体质，可以在喝小米时，加入适量冰

糖或是趁热喝，切记不可过多食用。

营养分析：

小米中含有大量的蛋白质、多种维生素、胡萝卜素、碳水化合物、铁、钙、钾等营养物质。蛋白质与维生素 B_1 都是其他谷类食物 5～7 倍，能够有效地为人体补充营养，其中，维生素 B_1 对消化不良症状有很好地预防与治疗功效。富含铁、锌、磷等矿物质，能够有效帮助孩子提高脑动力，起到健脑作用，并促进骨骼生长发育。锌还可以帮助孩子增强食欲，提高免疫力，尤其适合生长过程中缺锌的孩子食用。

在熬煮过程中，众多营养物质渗入到米汤中，米汤中含有大量的维生素 B_1、维生素 B_2、碳水化合物等营养物质。另外，米汤性平，具有润燥的功效，可以帮助加速吸收脂肪，促进消化。小米汤也同样适用于消化系统尚未成熟的宝宝饮用，是十分有用的奶粉辅助冲剂。

冬瓜排骨汤——补充维生素 C，预防肥胖

原料：猪排骨 8 块，冬瓜半个，葱、姜、食盐各适量。

做法：

1. 将猪排骨清洗干净，在锅中加入开水，等开水再次沸腾后，放入猪排骨，令排骨中的血水充分流出。焯完猪排骨后，将其捞出，沥干水备用。

2. 将冬瓜清洗干净，去皮、去瓤，将其切成块状；将葱、姜清洗干净，葱切段，姜切丝。

3. 在另外一个干净的锅中，加入适量清水，放入葱段、姜丝。大火煮开后，放入猪排骨，煮开后，调至小火。30 分钟后，加入冬瓜块。小火慢熬 20 分钟，放入适量食用盐即可。

注意事项：

市面上的猪排骨，大致有两种类型：圆形与扁形。在熬制冬瓜排骨

汤时，尽量选择较扁的排骨，这种排骨熬制出来的汤汁更加浓郁，口感更好。

由于排骨中含有大量的脂肪，因此不适合消化系统尚未成熟的宝宝食用，此汤建议给 1 岁以上的孩子食用。在给孩子饮用时，最好将油水撇一撇，尽量保持清淡，以免对孩子的肝、肾造成不必要的负担。

营养分析：

猪排骨中含有大量的蛋白质、脂肪酸以及钙质。猪肉中含有半胱氨酸以及血红素，能够有效促进人体对铁的吸收，有效缓解因缺乏铁而导致的贫血症状。富含大量人体容易吸收的骨胶原、磷酸钙以及多种维生素，能够有效促进孩子的骨骼生长，帮助发育。

冬瓜中富含大量的维生素 C、膳食纤维、氨基酸以及钾、磷、钙等。大量的维生素 C，能够有效增强机体免疫力，增强孩子的抗病能力；丰富的膳食纤维，则能加速胃肠蠕动，促进消化，有效预防儿童肥胖症状。

土豆汤——补铁、补血、补钙

原料：土豆。

做法：

1. 将土豆清洗干净，去皮，切成丁状；在锅中加入少量食用油，放入土豆丁，不断翻炒。

2. 充分翻炒后，加入适量清水，用中火加热。然后加盖焖煮，直至土豆充分煮熟。加入适量食用盐，充分搅拌后，即可食用。

注意事项：

土豆虽富含大量的营养物质，但是有毒的土豆却会给人体带来不可小看的危害，因此在挑选时，要多加留意。大小差别不大、表皮无水泡、较为光滑的为优质、无毒土豆。有的家长觉得去土豆皮是一件十分困难的工作，在挑选时，大家可以尽量选择形状较圆的，这类土豆的表皮较

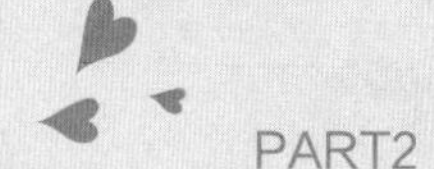

为容易去除。

土豆中含有大量的淀粉，如果孩子属于较胖体质，则不建议食用过多，以免造成肥胖症状加剧。

另外，宝宝的消化功能尚未发育成熟，因此这道汤品不建议5个月以下的宝宝食用，2岁以下的孩子在食用时，最好将油水撇一撇，尽量保持清淡。

营养分析：

土豆中含有蛋白质、淀粉、粗纤维、胡萝卜素、核黄素、多种维生素以及钙、铁、磷等营养元素。土豆中含有的蛋白质，与其他食物相比，含量更多，也更容易被消化。维生素A、维生素B_2以及维生素E等多种维生素，能够有效增强孩子的免疫力，帮助孩子提高抗病菌能力。钙、铁、磷等多种矿物质，也有利于处于生长期的孩子们更好地发育，提供大量钙质与铁质，促进孩子的骨骼生长，改善因缺铁引起的贫血症状。大量的膳食纤维，能够有效促进胃肠蠕动，有助于消化，缓解孩子消化不良、食欲不振的现象。

胡萝卜番茄汤——补充胡萝卜素和锌的佳品

原料：胡萝卜200克，番茄50克。

做法：

1. 将胡萝卜和番茄清洗干净，切成丁状。将葱、姜清洗干净，切成葱丝、姜丝。

2. 在锅中加入少量食用油，放入葱丝、姜丝，爆炒出香味。然后放入胡萝卜，不断翻炒。再加入适量清水，大火煮开。

3. 加入番茄，煮开后，调至小火，慢慢熬炖。汤汁较为浓郁时，加入适量食盐，即可。

注意事项：

大家在挑选胡萝卜时，尽量挑选大小中等、呈现鲜亮橘色、比较有重量的，这类胡萝卜会比较新鲜，一般来说，黄心较小的胡萝卜质量最好。另外，相比尖头萝卜，圆柱形胡萝卜的口感更加香甜。

对3岁以下的宝宝来说，此道汤品虽然营养丰富，但是番茄与胡萝卜的搭配，对孩子的消化系统来说，浓度有些过高了，不利于消化。因此，在给孩子做汤时，要尽量少放一些油和盐；在给孩子喝时，也可以稍微加入一些清水。

5个月以下的宝宝消化系统尚未成熟，不适合食用这道汤品。

营养分析：

胡萝卜富含维生素A，能够帮助人体正常代谢，对视力起到保护作用，缓解眼睛疲劳，预防干眼症以及夜盲症。大量的维生素C，能够有效提高孩子的免疫力，提高孩子的抗病能力。

番茄中含有大量的B族维生素、胡萝卜素、维生素C等。番茄红素，能够平衡胃液分泌，起到保胃、养胃的功效。胡萝卜素能够为人体补充大量的含锌物质，改善孩子缺锌症状。

胡萝卜与番茄相搭配，能够令营养平衡，让孩子精力旺盛，消除疲劳。

四彩珍珠汤——补铁功效好

原料：猪肉、紫菜、菠菜、面粉、鸡蛋各适量。

做法：

1. 将葱、姜切丝；将鸡蛋打入碗中，搅拌均匀。

2. 将面粉倒入盆中，加入适量清水，充分搅拌，做成一粒一粒的疙瘩状。

3. 将猪肉清洗干净，切成末状。

4. 将菠菜清洗干净，放入热水中，充分炒熟后，捞出、沥干、切段。

5. 在锅中倒入适量食用油，放入猪肉末、葱、姜丝，爆炒出香味后，加入适量清水，大火烧开，将面疙瘩放入，不断进行搅拌。面疙瘩煮开后，加入鸡蛋、紫菜、菠菜，充分搅拌。调至小火，慢慢熬煮 10 分钟即可。

注意事项：

在熬制汤品时，食材是否新鲜非常关键。大家在挑选菠菜时，要尽量选择叶子鲜绿、根部发红、叶面较大的，这类菠菜质量较好。不要去选择叶子发黄的菠菜，这类菠菜不仅口感不佳，还极易对身体造成伤害。对紫菜来说，要尤其注意它的外表颜色，经过化学染色的紫菜呈现青绿色，正常生长的紫菜呈现紫黑色。

在清洗菠菜时，可以先在清水中放入少许食盐，将菠菜放在里面浸泡，能够有效去除菠菜表面残留的农药。

营养分析：

紫菜含有大量的营养物质。丰富的碘，能够有效预防甲状腺肿大病症；含有的大量铁、钙以及胆碱，能够有效提高脑活力，增强记忆力，帮助孩子骨骼发育；大量的多糖能够起到增强免疫力的功效。

菠菜中富含维生素 C、胡萝卜素以及钙、铁等物质。其中，大量的铁质，能够有效地缓解小儿因缺铁出现的贫血症状。丰富的胡萝卜素，能够有效起到补血功能，促进孩子身体健康。大量的微量元素，能够有效加强人体的新陈代谢，十分适合活动量较大的儿童食用。

紫菜虾仁汤——预防甲状腺肿大

原料：紫菜 1 袋，鲜虾适量。

做法：

1. 将鲜虾去皮，处理干净，充分清洗后，将虾仁放入盆中备用。
2. 用清水冲洗紫菜，放入另一盆中备用。
3. 在锅中加入适量清水，放入虾仁，大火煮开后拿下锅盖，再煮

15分钟左右，放入紫菜，充分搅拌，并盖上锅盖煮10分钟左右，关火，加入适量食用盐，充分搅拌后即可。

注意事项：

在挑选鲜虾时，要避免虾身较软、无头、外表发红的虾，这些特征都是不新鲜的表现。应该去选择手感较硬、弯曲较大、头部完整、背部发青的虾。

在处理鲜虾时，一定要将其外皮、头部等处理干净，尤其要注意其背上的虾线，如果处理不干净，就极易让孩子出现腹泻、呕吐等不良反应。

在煮汤时，尽量多煮一段时间，确定虾肉已经完全熟透。只有虾肉完全熟透后，才能杀灭其自身所携带的细菌以及寄生虫等。如果不将其煮熟，就极易对孩子的肠胃造成危害。

另外，此汤不适宜7个月以下的宝宝食用。如果您家的孩子属于敏感体质，则也不要轻易食用，可以稍微尝试少许，确定没有不良反应后，再正常进食。

营养分析：

鲜虾中富含脂肪、蛋白质、不饱和脂肪酸、多种维生素以及氨基酸、多种矿物质等，能够为人体提供大量的营养物质。其中，蛋白质、多种氨基酸以及不饱和脂肪酸，能够有效帮助宝宝增强手腕力量。大量的维生素以及钙，能够为处于生长期的孩子们提供充足的钙质，改善缺钙现象。

紫菜含有丰富的碘，能够有效预防甲状腺肿大病症；大量的铁、钙以及胆碱，能够有效提高脑活力，增强记忆力，帮助孩子骨骼发育，提高自身免疫力。

小白菜鱼丸汤——使宝宝的身体更强健

原料：小白菜、鱼丸、葱各适量。

做法：

1. 将葱清洗干净，切丝备用。

2. 在锅中加入适量清水，放入鱼丸，然后加入适量葱丝，大火煮开，当鱼丸逐渐胀大，漂浮至水面时，加入小白菜。

3. 再倒入适量油，大火煮开后，加入适量食盐、香油，充分搅拌。

注意事项：

速冻鱼丸口感新鲜、营养丰富，成为很多家长选择的食材。不过，在选购鱼丸时，建议去大型超市购买正规鱼丸，以免买来假货，对身体造成危害。在挑选时，要十分注意其生产厂家以及保质期，还要隔着袋子去观察，里面的鱼丸颜色是否正常，有无变色或是斑点。买回来后，要将鱼丸及时放在冷柜中，以免变质。

在挑选小白菜时，尽量选择圆头、平头的，这两类口感较佳。另外，小个子的白菜更加新鲜，闻一下有无刺鼻的农药味。

这道汤品仅适合 8 个月以上的宝宝以及儿童食用，3 岁以下的宝宝在食用时，家长尽量要做的清淡，以免给孩子的肾脏造成负担。

营养分析：

鱼丸中含有大量的维生素 A、镁、铁、磷、钙等多种营养元素。丰富的维生素 A，能够有效提高身体的免疫力，增强抵御病菌的能力；同时，能够缓解眼睛疲劳，对视力起到保护作用，预防干眼症以及夜盲症。大量镁元素，则对血管起到充足地保护作用，加快新陈代谢。

小白菜中含有酸性果胶、粗纤维、蛋白质、碳水化合物以及铁、磷、钙等多种营养元素。大量的钙、磷元素，能够有效促进骨骼生长，尤其适用正在长个子的婴幼儿食用。

豆腐鲫鱼汤——补充各类营养素，健脾胃

原料：豆腐 250 克，鲫鱼 500 克。

做法：

1. 先将葱、姜、蒜清洗干净，葱切段，姜切丝，蒜切片。

2. 将鲫鱼处理干净，充分清洗后，放入盆中，在鱼身上均匀抹上食盐。

3. 将豆腐清洗干净，切片。

4. 在锅中加入少量食用油，放入葱、姜、蒜，爆炒出香味，放入鲫鱼，鱼煎至两面发黄时，加入适量清水，盖上锅盖，调至小火，慢慢熬煮，熬煮 15 分钟后，将豆腐片放入。

5. 小火慢慢熬煮，直至鱼汤变为浓郁的乳白色，加入适量食盐，充分搅拌，即可食用。

注意事项：

在挑选鲫鱼时，不要选眼球无神、眼睛凹陷、表面偏黑的，这类为放置过久、不新鲜鲫鱼。身体较扁、眼睛凸出、颜色偏白的，则为质量较好的新鲜鲫鱼。

在熬煮鱼汤时，一定要长时间熬煮。鲫鱼本身刺较多，在熬煮时，要尽量将鱼刺煮烂，这样既能让鱼汤中渗入更多的营养，又避免了孩子不小心会被鱼刺卡到。

市面上豆腐的类别让人眼花缭乱，只有略微发黄的豆腐才是纯正加工、质量上乘的豆腐。那些非常白的豆腐，基本都是用了漂白剂，对人体危害较大。

6 个月以下的宝宝由于消化系统尚未成熟，因此不宜食用此汤。

营养分析：

鲫鱼中含有维生素 A、维生素 B_1、维生素 B_2、蛋白质以及铁、钙、磷、烟酸等多种营养元素。鲫鱼中的蛋白质极易被人体消化与吸收，能有效

增强人体免疫力。另外，鲫鱼性平，对脾胃具有滋补作用，能够有效改善小儿脾胃功能较弱的症状。

豆腐富含多种营养物质，能够为人体提供多种营养。大量的钙质，能够有效促进孩子骨骼生长；铁质能够有效改善小儿因缺铁导致的贫血现象。

此汤能够有效帮助孩子增进食欲，促进消化，改善脾胃功能，增强免疫力。

乌鸡汤——补益气血，让孩子身体强健

原料：乌鸡 1 只，鹌鹑的适量，料酒、食盐、大蒜、姜各适量。

做法：

1. 将乌鸡去除杂毛，充分清洗干净；在砂锅中加入适量清水，放入乌鸡、料酒、姜、蒜等调味品，开至大火。

2. 在熬煮乌鸡时，另起一锅，放入鹌鹑蛋，将其煮熟后捞出，剥去外壳。

3. 砂锅大火煮开后，放入鹌鹑蛋，调至小火，慢慢熬炖 1 个小时左右，即可关火出锅。

注意事项：

在挑选乌鸡时，要注意其鸡冠、下颌等处的毛色。质量上乘的乌鸡，鸡冠呈现黑色或是紫红色，十分夺目。另外，乌鸡的鸡趾与其他鸡种不同，呈现一共有 5 只脚趾，这也是区别是否是染色鸡的重要特点所在。

处理完乌鸡毛后，最好把它放到热水中焯一下，这样既能够完成杀菌消毒，又能令汤汁浓郁、清香又不肥腻。

在煲汤时，一定要尽可能把水放足，假如中间添水，无论是味道还是营养都会流失很多。在熬制乌鸡汤时，最好不要使用高压锅，尽量选择我们推荐的砂锅，这样才能保证营养不会流失。

虽然乌鸡汤营养极为丰富，但由于乌鸡具有很强的滋补作用，因此孩子在感冒、发烧或是肚子发胀期间，不适宜食用此汤，以免造成症状加重。

营养分析：

乌鸡性平，含有丰富的维生素E、维生素B_2、10种氨基酸以及钠、钾、铁、磷等多种营养元素。与一般鸡肉相比，乌鸡具有更高的矿物质含量，也更加容易被人体吸收。在拥有极高营养的同时，它的脂肪与胆固醇却相对较低，给孩子经常食用也不会担心出现小儿肥胖现象。其中大量的铁元素，能够有效帮助人体提高造血功能，起到益气补血的功效。乌鸡汤尤其适合脾胃较弱，或是因缺铁导致贫血的孩子食用。

面类

乌龙面糊——补充蛋白质、脂肪和维生素C

原料：乌龙面20克，胡萝卜半根。

做法：

1. 在锅中加入适量清水，大火煮开，放入胡萝卜，待胡萝卜完全熟透后捞出，放入碗中，用勺子捣成泥状。

2. 在另一锅中加入清水，大火煮开后，放入乌龙面，待乌龙面充分变软时，捞出，沥干水分备用。

3. 将锅中开水倒出少许后，放入乌龙面，将面充分捣成泥状，大火煮开，放入少许蔬菜泥。

注意事项：

在挑选胡萝卜时，尽量挑选重量较大、颜色鲜亮的中等胡萝卜。由于宝宝喜欢比较香甜的口感，可以多选一些圆柱形胡萝卜，因为相比尖头萝卜，这类胡萝卜的甜度较大。

在给宝宝做面时，一定注意将面条捣成糊状，这样可以避免孩子被面条噎住。谷物类食物是宝宝进食的第一类食物，因此，在第一次给宝宝食用面条时，可以先吃一口，一定要注意宝宝的反应，是否能够适应。当宝宝适应后，再逐渐给宝宝增加食用量。

4 个月以下的宝宝消化系统尚未成熟，还需要靠母乳与奶粉喂养，不宜食用乌龙面糊。

营养分析：

乌龙面中含有碳水化合物、多种维生素、脂肪、蛋白质以及钙物质等等，与其他食物相比，面条更加容易被人体吸收、消化，对孩子的脾胃起到一定的调理、养护作用。

胡萝卜中含有大量的维生素 A、维生素 C 等营养物质。维生素 C，能够有效帮助孩子增强身体免疫力；维生素 A，能够有效缓解眼睛疲劳，对小儿常见的夜盲症具有预防、治愈效果。

乌龙面与胡萝卜泥搭配的面糊，可以满足生儿童的多种营养需求，并达到营养均衡的效果，同时也是一类很好的辅助食物。

南瓜面线——补锌又美味

原料：南瓜 30 克，面条 60 克。

做法：

1. 将南瓜清洗干净，去皮、去籽，切成小块；在锅中加入适量清水，大火煮开后，放入南瓜块，充分煮熟后，捞出，沥干备用。

2. 另起一锅，加入少量清水，大火煮开后，放入面条；面条充分变软后，加入南瓜块，用勺子不断搅动，直至煮开。

注意事项：

南瓜的种类有很多，适合用来煮的吃的，为老南瓜，此类南瓜的口感香甜，极易受孩子喜爱，它的特点是：外表暗沉无光，摸起来较为粗糙。

超市中的很多袋装面条，在加工过程中，已经添加了食用盐。家长们在购买时，一定要查看清楚。如果是已经加过食盐的面条，在煮制过程中，就可以不用加盐了，以免对孩子的肾脏造成不必要的负担。

南瓜皮中富含大量的营养物质，如果家长想要将南瓜皮留下，那么事先可以将南瓜浸泡在盐水中，以消除其表面的残留的农药。在熬煮过程中，要注意将皮煮透，令其完全变软，以便于孩子食用。

营养分析：

南瓜中富含蛋白质、维生素C、维生素E、胡萝卜素以及钙、铁、磷、锌等多种营养物质。大量的维生素C、胡萝卜素，能够强健脾胃，提高人体免疫力，预防婴幼儿感冒。大量的维生素D，有利于促进人体对钙的吸收，增强骨骼发育，并有效预防小儿近视。另外，大量的锌，能够有效缓解小儿缺锌症状，促进小儿正常的生长发育。

面条性温，在主食中更加容易被消化，因此具有养胃、护胃的功效，能够有效改善小儿脾胃功能较弱的症状。富含大量的蛋白质，能够有效增强人体免疫力，促进生长发育。

蝴蝶意大利面——好看、好玩又营养

原料：意大利蝴蝶面适量，鸡蛋1个，胡萝卜1根，洋葱1个，番茄1个。

做法：

1. 将洋葱、胡萝卜、番茄清洗干净，切成丁状。

2. 将鸡蛋打入碗中，充分搅拌。

3. 在锅中加入适量清水，大火煮开后，放入意大利蝴蝶面。蝴蝶面在煮制过程中，要不断进行搅拌，10分钟后，将面捞出，沥干水备用。

4. 在另一锅中倒入少量食用油，倒入鸡蛋，不断翻炒后，捞出备用。

5. 再起一锅，加入适量食用油，放入番茄丁，充分煸炒，熬出番茄汁，

放入蝴蝶面，充分翻炒，再放入炒好的鸡蛋，不断翻炒。2分钟后，加入适量食用盐。

注意事项：

意大利蝴蝶面面质较硬，很难将其煮熟，因此在煮面过程中，一定要多煮一段时间，直至其变软，这样才可以让孩子更好的消化。

很多孩子都喜欢酸甜的口感，因此家长们都会选择番茄酱。但是，一般来说，番茄酱中的添加剂过多，不利于孩子的身体健康。所以，建议家长动起手来，用新鲜的番茄自制番茄酱汁，以保证食材的新鲜与营养。

食材中的洋葱虽然营养丰富，但是不宜过多食用，家长们也可以搭配其他蔬菜食用。

营养分析：

洋葱中含有丰富的维生素C、钾、叶酸以及硒、锌等营养元素。大量的纤维质能够增强胃肠蠕动，促进消化，其独有的味道还具有增强食欲的功效，特别适合食欲不振的婴幼儿食用。含有大蒜素，能够有效抵制病毒入侵，有效增强小儿的抗病能力。

番茄中含有丰富的维生素C、B族维生素、胡萝卜素、纤维素、蛋白质以及铁、钙、磷、锌等，能够增强婴幼儿免疫力，维持营养平衡。

此道蝴蝶意大利面不但外观漂亮、口感酸甜、迎合孩子的口味，而且能够为孩子补充全面的营养，促进孩子生长发育。

鸡肉末凉拌面——低脂肪，高营养

原料：鸡腿肉适量，番茄1个，面条适量。

做法：

1. 先将鸡腿清洗干净；在锅中倒入适量清水，大火煮开，放入鸡腿，水开后，调至小火，慢慢焖煮，直至将鸡腿充分煮熟，然后将煮熟的鸡腿捞出，沥干水分，将肉切成末备用。

2. 将番茄清洗干净，切丁；将鸡腿肉切成末。

3. 另起一锅，加入适量清水，大火煮开，放入面条，等面条变软变熟后，捞出，放入冷水中过一遍，沥干备用。将面条放入盘子中，撒上鸡肉末、番茄丁，加上适量调味品。

注意事项：

家长们在购买袋装面条时，一定要查看清楚，面条在加工过程中是否已经加入了食盐。如果是已经加过食盐的面条，在调味过程中，就不必再放盐了，各类调味料也尽量少放，以免对孩子的脾胃造成不必要的伤害。

另外，此道凉拌面虽然口感很好，但是，3 岁以下的孩子在食用时，还是过于偏凉。家长可以在孩子吃面时，稍微加热一下或是给孩子定量食用，不宜食用过多，以免伤到孩子脆弱的脾胃。

营养分析：

面条性温，在主食中更加容易被消化，因此具有养胃、护胃的功效，能够有效改善小儿脾胃功能较弱。番茄中含有丰富的维生素 C、B 族维生素、胡萝卜素、纤维素、蛋白质以及铁、钙、磷、锌等，能够增强小儿免疫力，维持营养平衡。

鸡肉中富含蛋白质、维生素 C、维生素 E、核黄素以及铁、磷、钙等营养物质，具有强健脾胃的功效，能有效预防和缓解小儿营养不良症状。

此道面食，具有低脂肪、高蛋白的特点。脂肪含量较低，避免了儿童食用后产生肥胖的问题；富含大量的蛋白质，能够有效增强人体免疫力，促进生长发育，十分适合处于生长期的儿童食用。

番茄菠菜面——提供多种营养素

原料：番茄1个，菠菜适量，鸡蛋2个，面条适量。

做法：

1. 先将番茄、菠菜清洗干净，将番茄切丁，菠菜切段，备用。

2. 将鸡蛋打入碗中，充分搅拌。

3. 在锅中倒入适量食用油，加入西红柿，充分煸炒，直至出现浓汁，再放入菠菜充分搅拌，炒熟后加入少许开水。

4 开大火煮开后，放入面条，充分搅拌，当面条煮至九成熟时，打入鸡蛋，不断搅拌，待鸡蛋熟透后出锅。

注意事项：

质量上乘、新鲜的菠菜，具有叶子发绿、根部发红的特点。还要十分注意菜叶部分，是否有发黄或是斑点现象，此类菠菜不要购买，容易引发食物中毒。在清洗菠菜时，可以先在清水中放入少许食盐，将菠菜放在里面浸泡，能够有效去除菠菜表面残留的农药。

儿童的消化系统正处于生长发育阶段，不适宜摄入过多调味品，因此家长们尽量以清淡口味为主。另外，3岁以下的儿童在食用时，尽量将面条捣碎或是切的细短一些，以免孩子在吸入面条时卡住喉咙，发生危险。

营养分析：

菠菜含有大量的胡萝卜素、维生素C以及多种矿物元素。大量的胡萝卜素，能够有效缓解眼部疲劳，预防儿童近视。丰富的铁质，能够起到补血功效，缓解儿童因缺铁出现的贫血症状。

番茄含有大量的胡萝卜素、B族维生素、蛋白质、维生素C以及铁、钙、磷、锌等，能够有效帮助人体加快新陈代谢，增强人体免疫力，提高小儿抵抗病菌的能力。

此道面品，将菠菜、番茄、鸡蛋相搭配，既保证了口感，又能够为人体提供均衡营养，促进小儿生长发育。

奶油通心粉——为宝宝提供更多能量

原料：奶油、通心粉、培根各适量，番茄1个，洋葱1个，牛奶适量。

做法：

1. 先将番茄、洋葱清洗干净，番茄切丁，洋葱切丝。

2. 在锅中加入适量清水，大火煮开后，放入通心粉，煮透后，将通心粉捞出，沥干水分备用。

3. 在炒锅中倒入少许食用油，放入番茄，充分翻炒，直至煸出浓汁后，再放入洋葱和奶油，不断翻炒，然后倒入适量牛奶，加入通心粉，充分搅拌后，装盘即可。

注意事项：

超市内的通心粉，按照种类不同，烹饪时间也有所不同，各位家长在购买时，一定要注意包装袋上的说明。在给3岁以下的宝宝食用时，尽量将通心粉做的烂一些、弄得小一些，以便于孩子更好的食用与吸收。

由于各类调味品中的食品添加剂过多，不建议家长在烹饪时，加入过多调料，以免对孩子的身体健康造成危害。尤其不建议食用市面上的番茄酱，家长们可以自己煸出番茄酱汁，即能保证口感酸甜，又能够保证安全、健康。

营养分析：

通心粉中含有大量的碳水化合物、蛋白质、维生素以及钙、镁、钾等营养元素，能够起到健脾养胃、促进消化的作用。丰富的镁元素，能够有效地促进神经系统以及骨骼的发育，增强肠胃功能。与其他主食相比，通心粉更加便于人体吸收，能够有效增强小儿免疫力，提供均衡营养。

此道菜品中，还有番茄、洋葱、牛奶等多种营养物质，能够为人体提供丰富的营养，能够有效改善小儿生长过程中的眼睛疲劳、食欲不振

等症状。奶油通心粉的外观以及口感，都能够吸引孩子，增强食欲，促进身体健康。

红薯饼——补充全面营养素

原料：红薯 1 个，糯米粉适量，芝麻、食盐各适量。

做法：

1. 将红薯清洗干净，去掉外皮，切成小块状。

2. 在锅中加入适量清水，放上蒸笼，将红薯块放入蒸笼中，开大火蒸熟后取出捣成泥状，混合入适量糯米粉、食盐，充分搅拌，和成面团。

3. 将面团分成相等小份，依次按成扁平状，放上些许黑芝麻。

4. 在锅中倒入适量食用油，开至小火，将压好的红薯面饼放入，直至其两面都变成金黄色，即可食用。

注意事项：

大家在挑选红薯时，尽量选择红心红薯，这类红薯的口感较为香甜，即便不放糖，也会香甜可口，尤其受到孩子的喜欢。另外，在放面粉时需要注意，不要加得太多，以免导致红薯饼过硬，破坏口感。

红薯具备极高的营养价值，选对食用时间，则会令其营养的吸收事半功倍。对食用红薯来说，午餐前是最佳时间段，此段时间吃完红薯，更加有利于体内钙质的形成，也不会对晚饭的营养吸收产生影响。

另外，各位家长在蒸红薯时，一定要确保将其充分煮熟。假如红薯没有蒸熟，其内部的淀粉颗粒就会在体内长时间逗留，引起消化不良。同时，也不要让孩子过多食用，以免出现腹胀、打嗝等不适症状。

营养分析：

红薯中含有丰富的胡萝卜素、膳食纤维、淀粉、维生素 A、维生素 B、维生素 C、维生素 E 以及钙、铜、铁等。大量的膳食纤维，能够有效促进肠胃蠕动，帮助消化，增强消化系统功能。大量的胡萝卜素，能够有效帮助孩子补充眼部营养，有效预防与治疗小儿近视。另外，含有特殊的黏液蛋白，能够维护呼吸道、消化道，促进人体正常生长发育，并有效提高小儿免疫力，增强抵抗病菌的能力。

牛奶吐司——营养均衡，口味极佳

原料：高筋面粉、低筋面粉、牛奶各适量，黄油适量，鸡蛋3个，酵母、白砂糖各适量。

做法：

1. 将高筋面粉、低筋面粉充分混合，加入少许黄油，揉成光滑面团，放进容器，将保鲜膜盖在上面，令面团充分发酵。

2. 将发酵好的面团拿出，分成四份，再次裹上保鲜膜；约10分钟后，将面团弄成长条，放到吐司模型中。

3. 当面团发酵至8成时，将鸡蛋液刷到表面，放到烤箱中，30分钟后，即可拿出食用。

注意事项：

牛奶吐司中的牛奶，极具营养价值，但是目前市面上牛奶的质量却参差不齐，因此各位家长在选购牛奶时，一定要注意牛奶质量，确保选择正规厂家出产的牛奶。

制作吐司对手法的熟练程度要求很高，如果是第一次做吐司面包的新手，则一定要注意拉出大片薄膜。假如你做出的面团，仅有小片薄膜，那么，这样的面团是不适合做吐司的。同时，吐司卷边也需要注意大小问题，过大或过小，都不利于吐司成型，一般情况下，少于吐司盒1厘米左右最为适合。

营养分析：

与现成的牛奶吐司相比，自制吐司既不含添加剂，又保证了口味的醇正，正适合孩子的口味。添加的牛奶、鸡蛋，更是能够为孩子提供多

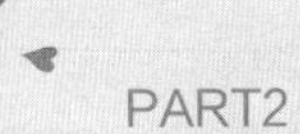

种营养。

其中，牛奶含有大量的蛋白质、维生素A、维生素E、核黄素以及钙、铁、钠、磷、锰等多种营养物质。其中，大量的活性钙，能够有效被人体吸收，为人体补充大量的钙质，有利于儿童的骨骼发育，促进生长发育。

鸡蛋含有脂肪、蛋白质、氨基酸、维生素A、维生素E以及镁、钠、钾等微量元素。其中，氨基酸能够为人体补充必备营养，促进人体生长发育。

牛奶与鸡蛋的结合，能够为孩子提供充足营养，促进营养均衡摄取。

土豆鸡肉三明治——丰富的口味与营养

原料：鸡蛋、土豆、面包片、黄瓜、胡萝卜、鸡肉各适量。

做法：

1. 将土豆、胡萝卜清洗干净，去除外皮，切成块状；在锅中加入适量清水，放上蒸笼，将土豆块、胡萝卜块放入，充分蒸熟后，拿出，切成丁状。

2. 将鸡肉清洗干净，放入锅中，加入适量清水，大火煮开，直至煮熟，然后捞出沥干水分，切成丁状；将火腿、黄瓜分别切成丁状。

3. 鸡蛋煮熟后，将鸡蛋切成丁状（如果蛋黄较难处理，则可以只选蛋清部分）。然后将上述材料全部放入一个大碗中，加入适量食盐、沙拉酱，充分搅拌。

4. 拿出面包片，将搅拌好的食材放入，也可按照个人喜好放入生菜食用。

注意事项：

在挑选土豆时，尽量选择外表光滑、干燥、大小相同、呈现浅黄的土豆，这类土豆质量较好，也比较新鲜。另外，与扁平土豆相比，圆形土豆更加容易去皮。

处理胡萝卜和黄瓜时，很多家长为了保留果皮中的营养，会选择留下果皮。不过，目前的蔬菜大都施加了很多农药，假如家长们喜欢留下外皮，则最好先将其放入盐水中，充分浸泡 10 分钟左右。此举可以有效去除附着在蔬菜表面的农药。

营养分析：

土豆中含有粗纤维、蛋白质、淀粉、核黄素、多种维生素以及钙、铁、磷等，能够为人体提供丰富的营养。大量的维生素 C 能够有效提高人体免疫力，促进孩子生长发育。大量的胡萝卜素，能够有效保护视力，预防小儿近视。多种营养元素，能够有效调理脾胃，尤其适合脾胃虚弱的孩子食用。

另外，土豆鸡肉三明治中，包含了鸡蛋、鸡肉、胡萝卜、黄瓜等多种蔬菜以及肉质，能够全方位提供营养。其可口的口感，也极易获得孩子的喜欢，达到既美味又营养的效果。

鱼肉馄饨——让孩子更聪明

原料：鳕鱼肉、猪肉、虾皮、紫菜、馄饨皮、高汤各适量。

做法：

1. 将鳕鱼肉切成肉末，放入碗中，混入绞好的猪肉。加入料酒、食盐、胡椒粉等，进行调味，充分搅拌肉馅，直到鳕鱼与猪肉充分混合。

2. 拿出准备好的馄饨皮，开始依次包起。

3. 在锅中加入适量高汤，煮开后，放入包好的馄饨，大火煮开后，撒上适量紫菜、虾皮，再次煮开后，即可捞出。

注意事项：

鳕鱼具有极高的营养价值，是很多家长第一选择的鱼肉品种。但是，近几年，市面上出现了大量油鱼代替假冒鳕鱼的现象，油鱼不但没有营养，反而对人体造成一定伤害，极易导致腹泻现象。所以，大家在选择

鳕鱼时，一定要多加留意。真正的鳕鱼，具有以下的特征：形状为椭圆形，鳞片鲜明，切面一般呈现白色或是白褐色，价格不会在 20 元以下，纹路明显。

大家在选购鳕鱼时，也一定要去正规冷鲜超市选购，以免买到质量不新鲜或是假冒的鳕鱼。

在做鱼肉馄饨时，凡是新鲜的鱼肉都可以食用，各位家长在选择时，也不一定非得用鳕鱼，可以依照孩子的喜好选择。

营养分析：

鳕鱼不仅肉质鲜美、口感极佳，还极具营养价值，还有丰富的维生素 A、维生素 D、维生素 E 以及 DPA、DHA、蛋白质等多种营养元素。它本身含有大量的蛋白质，是鱼类中的佼佼者，但本身脂肪含量却是很低，即使经常食用，也不会引起肥胖症状。另外，鳕鱼中的多种维生素含量以及比例，与人体极为相似，更加容易被人体吸收。

鳕鱼中的多种营养元素，能够有效提高孩子的脑活力，增强智力，促进发育，让孩子变得更加聪明。

香菇鲜虾包——多种矿物质和维生素

原料：香菇 5 颗，鲜虾、面粉、猪肉各适量。

做法：

1. 在面粉中加入适量清水，充分柔和后，饧发 30 分钟。在饧面的过程中将香菇、鲜虾清洗干净。把鲜虾放到热水中，充分炒熟，捞出后，去掉外壳，切成段状，香菇切成块状。

2. 将绞好的猪肉、鲜虾段、香菇粒充分搅拌在一起，倒入酱油、食盐等调味料，再次搅拌。

3. 将饧好的面做成包子皮，将馅包入。在锅中加入适量清水，放上蒸笼，将包子放到蒸笼中蒸 20 分钟。

注意事项：

鲜虾虽然营养丰富，但是在挑选与食用时，依旧需要大家多加注意。目前市面上，鲜虾的质量参差不齐，各位家长在挑选时，需要多加注意，如果鲜虾的身子较软、呈现红色、头耷拉着，则证明这类鲜虾非常不新鲜，不合适购买。在处理鲜虾时，要将虾线处理干净，否则不仅破坏味道，还会引起腹泻。

在食用鲜虾包时，尽量不要让孩子同时食用水果，否则两者反应产生的物质会严重刺激肠胃，导致孩子出现腹泻、呕吐等不适症状。最佳食用时间，应该相隔 2 ～ 3 小时。

营养分析：

鲜虾中含有蛋白质、维生素 A、维生素 B、维生素 C 以及铜、磷、镁、铁、钙等多种营养物质，能够有效为孩子生长提供充足营养。尤其是足量的蛋白质，更是牛奶、鸡蛋等食物的 10 多倍，能够增强孩子的脑活力，促进脑部发育。

香菇中含有粗纤维、碳水化合物、维生素 B_1、维生素 D 等营养元素，同时能够为人体提供必备的 7 种氨基酸，能够有效平衡人体营养需要。特有的香菇多糖，能够提高孩子免疫力，对流行性感冒有极强的预防效果。

同时，鲜虾与香菇搭配，口味美味，能够有效增强孩子的食欲，在为孩子补充营养的过程中，还能有效缓解部分孩子食欲不振的症状。

肉末软饭——促进消化的营养餐

原料：猪肉适量，茄子 1 个，芹菜半棵，大米适量。

做法：

1. 将大米放入清水中，充分淘洗，再放入电饭煲中，煲成软饭。

2. 将茄子、芹菜充分清洗，切成末状；将猪肉切成肉末。

3. 在锅中加入适量食用油，放入猪肉末，充分翻炒，加入酱油、葱末、姜末、茄子末、芹菜末，不断翻炒。

4. 猪肉炒熟后，加入软饭，继续翻炒，直至炒出浓郁香味，即可出锅。

注意事项：

在挑选茄子时，各位家长应尽量选择外皮较薄、呈现黑紫色、肉质较为松软、柄部为深紫色的，这类茄子的质量较好，也较为新鲜。

在炒茄子时，一定要将其炒熟，如果是偏生的茄子，就极易出现中毒现象。

茄子皮中含有大量的营养物质，因此，在处理茄子时，建议将外皮留下。很多家长担心，茄子表皮会有大量的农药附着，大家在清洗时，可以先将茄子放入盐水中，浸泡 5 分钟，此举能够有效去除大量农药。

茄子很容易被氧化，为防止切好的茄子变色，大家可以将切好的茄子放入清水中浸泡，这样便可避免变色的情况。

芹菜性寒，如果您家的孩子体质虚寒，脾胃较弱，则不宜过多食用，但可以将芹菜换成其他蔬菜种类。

营养分析：

茄子含有维生素 P，能够有效增强血管活力，促进伤口愈合，对生长代谢较快的孩子来说，尤为适合食用。

芹菜中含有食物纤维、多种维生素以及磷、铁、钙等，能够为人体提供全面的营养。其中，大量的食物纤维，能够有效加速胃肠蠕动，促进消化，帮助孩子吸收营养物质。另外，芹菜中特有的芹菜苷，能够刺激胃液的分泌，有效地增强食欲，尤其适合厌食的孩子食用。大量的铁元素，也能够促进血液形成，有效缓解小儿因缺铁导致的贫血症状。

鸡肉白菜饺——帮助孩子咀嚼，补充均衡营养

原料：鸡肉、小白菜、面粉各适量。

做法：

1. 在面粉中加入适量清水，充分揉和，然后放置在一旁。

2. 将鸡肉处理干净，充分清洗后，切成肉馅并放入碗中，加入适量食盐、酱油，充分搅拌。

3. 将小白菜充分清洗、切碎、沥干水分后放入碗中，继续搅拌。

4. 将饧好的面团，做成面皮，包成水饺。

5. 在锅中加入适量清水，大火煮开后，放入水饺，煮熟后，即可捞出食用。

注意事项：

目前市场上，大多数蔬菜的质量都参差不齐，所以，家长们在挑选白菜时要多加注意。尽量不要选择较大的，而要选择个头小的，此类白菜的含水量更大、更为新鲜。

白菜含有大量的纤维素，能够促进肠胃蠕动，帮助消化，但是如果孩子有腹泻症状，则尽量不要食用此道菜品，以免加重症状。

另外，白菜性寒，如果孩子的脾胃较为虚寒，则也不适宜过多食用。

营养分析：

白菜中含有丰富的粗纤维、蛋白质、脂肪、维生素 C、胡萝卜素以及铁、钙、磷等多种营养物质。其中，维生素 C 的含量是一般蔬菜、水果的 8 倍左右，能够有效帮助人体提高免疫力，增强抗病力。大量的粗纤维，能够有效促进肠胃蠕动，帮助孩子咀嚼，增强消化能力。

白菜中的热量极低，不用担心孩子出现小儿肥胖症状，同时，还能够为孩子补充多种营养，促进孩子的全面生长发育。

蛋包饭——让孩子喜欢上吃饭

原料：熟米饭、胡萝卜、玉米、鸡蛋、火腿各适量。

做法：

1. 将胡萝卜清洗干净，切成丁状；将火腿肠切成丁状。

2. 将玉米粒放在热水中，充分炒熟，捞出备用；将鸡蛋打入碗中，充分搅拌。

3. 在锅中加入适量食用油，放入火腿丁、胡萝卜丁、玉米粒，不断进行翻炒；将准备好的熟米饭放入，充分搅拌。直至米饭炒散后，加入适量食盐、番茄酱，继续搅拌。

4. 另起一锅，加入少许食用油，将鸡蛋倒入，摊成蛋皮，蛋皮接近成型时，放入炒好的米饭，将蛋皮进行对折，等蛋皮充分定型后，即可出锅。

注意事项：

家长在挑选胡萝卜时，尽量选择颜色发亮、大小偏差不大、黄心较小的胡萝卜，此类胡萝卜质量较好，也比较新鲜。

在处理胡萝卜时，最好不要去掉外皮，因为胡萝卜的外皮中含有大量的营养物质。在清洗时，可以先将胡萝卜放入盐水中，浸泡 5 分钟左右，这样就可以去掉其表面附着的残留农药。

如果您家的孩子脾胃较弱，在切胡萝卜丁前，则可以先把胡萝卜放入热水中，充分炒熟，再进行切丁。这样，可以有效保护肠胃不受刺激。

在制作蛋包饭时，蛋皮是重中之重，因此，大家可以掌握一些制作蛋皮的窍门：放的油不要太多，否则就会导致蛋皮过厚、过油，不宜处理。可以提前在蛋液中放些淀粉，这样蛋皮就会更加不容易破损，利于包饭。

营养分析：

玉米中含有丰富的维生素 E、硒、铁、钙、膳食纤维等营养元素。大量的膳食纤维，能够促进肠胃蠕动，加强消化，提高孩子消化系统能力，因此十分利于脾胃虚弱的孩子食用。

胡萝卜中含有大量的维生素。其中，大量的维生素 A，能够有效增强身体免疫力，促进骨骼生长发育，保护肠道黏膜，有利于孩子消化系统的稳固。另外，大量的胡萝卜素，则可以有效保护孩子的视力，维持新陈代谢，抵抗疲劳。

另外，火腿肠、鸡蛋、大米等搭配混合，既保证了营养的丰富性，又带来美味的口感。蛋包饭特有的视觉效果，也极易得到孩子的欢心。

蛋皮寿司——益智补脑

原料：大米、胡萝卜、黄瓜、鸡蛋、紫菜、肉松各适量。

做法：

1. 将大米淘洗干净，放入电饭煲中，煲熟后盛入大碗中，加入少许苹果醋，充分搅拌。

2. 将黄瓜、胡萝卜清洗干净，切成条状；将鸡蛋打入碗中，充分打散。

3. 在锅中加入适量食用油，放入鸡蛋液，摊成蛋皮，取出，放入盘中。

4. 将米饭、胡萝卜、黄瓜、肉松依次铺到蛋皮上，仔细卷起；拿一张紫菜，再次卷一圈，切成段状，即可食用。

注意事项：

在处理胡萝卜、黄瓜时，很多家长都习惯去除外皮。其实，胡萝卜和黄瓜的表皮中含有大量的营养物质，应该将其保留下来。如果大家担心农药残留问题，则可以先将胡萝卜、黄瓜放置在盐水中，浸泡 5 分钟左右，再进行清洗。

另外，如果您家孩子的肠胃较弱，则可以先将胡萝卜条、黄瓜条放入油锅中，充分煎一下再食用，这样可以有效减少对肠胃的刺激。

在购买肉松时，一定要去正规超市选取，以免买到质量不合格的产品。

营养分析：

此道蛋皮寿司中，含有大米、胡萝卜、黄瓜、鸡蛋、肉松、紫菜等

多种食材，能够有效为孩子提供多种营养物质。

胡萝卜中含有大量的胡萝卜素，可以有效预防以及缓解小儿近视，并促进骨骼生长，加强新陈代谢；黄瓜中含有大量的维生素C，能够有效增强孩子的免疫力，提高孩子的抗病能力；鸡蛋中含有丰富的蛋白质、核黄素、多种维生素以及多种矿物质，能够有效增强孩子的脑活力，促进孩子的智力发育。

炒菜类

杏仁番茄拌西兰花——丰富而均衡的营养

原料：杏仁适量，番茄1个，西兰花2个。

做法：

1. 在锅中加入适量食用油，放入杏仁，稍微翻炒后盛出，待冷却后将杏仁研成末状。

2. 将番茄清洗干净，去掉外皮，切成块状；西兰花清洗干净。

3. 在锅中加入适量清水，放上蒸笼，再将西兰花放入蒸笼中，充分蒸透，直至西兰花变熟、变软；拿出西兰花，放入盘中，放进番茄，充分搅拌后加入杏仁末。

注意事项：

杏仁具有极高的营养价值，但是在挑选时，也需要注意其质量问题。在挑选杏仁时，尽量选择形状偏胖、长度较短、外面浅黄、果壳较硬的杏仁，这类杏仁质量较好，也较为新鲜。

在处理西兰花时，可以在蒸前将其放入盐水中，浸泡5分钟左右，去除其表面农药后，再放入蒸笼中。在蒸西兰花时，也要注意时间问题，不宜蒸太长时间，以免破坏西兰花自身的营养。由于西兰花本身带有一丝苦涩感，可能会引起孩子的反感，家长们可以加入一些冰糖或是蜂蜜进行调节。

营养分析：

杏仁中含有大量的不饱和脂肪酸、蛋白质、抗坏血酸、碳水化合物、维生素E以及铁、钙、磷等多种营养元素，能够为处于生长期的孩子，提高充足的维生素以及微量元素。不饱和脂肪酸，能够对心脏起到显著的保护作用，十分适合运动量较大的孩子食用。大量的维生素，能够有效增强人体的免疫力，提高新陈代谢，促进孩子的生长发育。

西兰花含有碳水化合物、矿物质、蛋白质、脂肪、维生素等多种营养物质，能够有效为孩子提供全面营养，增强孩子的抗病能力，降低疾病的发生率。

杏仁、西兰花、番茄的良好搭配，能够为孩子提供全面的营养，帮助孩子生长发育。

清蒸鲜鱼——促进孩子大脑发育

原料：鲜鱼1条，葱、姜、米酒各适量。

做法：

1. 将鲜鱼处理干净，充分清洗干净，放入盘中，撒上适量食盐。

2. 将葱、姜清洗干净，葱切丝，姜切片；将姜片依次铺到鱼身上，撒上2汤匙米酒。

3. 在锅中加入适量清水，放上蒸笼，将鱼放入蒸笼中蒸20分钟，再将蒸好的鱼放入盘中。

4. 在锅中加入适量食用油，放入葱丝、酱汁等调味料，充分熬制，熬出香味后，撒在鲜鱼身上，即可食用。

注意事项：

鲜鱼营养价值较高，但市面上鲜鱼的质量，却是参差不齐。因此，各位家长在挑选鲜鱼时，要注意其新鲜程度，可以从以下几点进行鉴别：

眼球、鱼鳃、体表、腹部等特征。新鲜的鱼具有以下特征：眼球富有弹性、突出；鱼鳃散发着鱼腥味，颜色为鲜红色；身体表面的黏液呈现透明状，鳞片鲜亮；腹部没有膨胀现象。

营养分析：

鱼肉中富含蛋白质、氨基酸、多种维生素以及钙、磷、铁等，能够为人体提高充足的营养。尤其是大量优质蛋白质，能够为人体补充活力，促进孩子的脑部活力，增强智力发育。大量的维生素 A 能够有效增强身体免疫力，增强新陈代谢；维生素 D 则能够促进钙质的吸收，增强孩子的骨骼发育。

此道蒸鱼，味道鲜美，符合孩子的口味，给孩子食用，能够起到明显的益智、健脑的功效，促进孩子的脑部发育。

香煎土豆片——促进蛋白质的吸收

原料：土豆 2 个，面粉适量，鸡蛋 2 个。

做法：

1. 将土豆清洗干净，去除外皮，切成片状。

2. 取一个干净的盆，加入 2 个鸡蛋，再放入适量食盐、面粉、清水，将面糊不断搅拌，至充分均匀，将土豆片放入，并搅拌均匀。

3. 在电饼铛中加入适量食用油，将搅拌好的土豆面片放入，直至两片变为金黄色，即可盛出食用。

注意事项：

很多家长在打散鸡蛋时，就习惯于放入食盐，这种做法不但会破坏鸡蛋本身的营养，而且会改变鸡蛋松软的口感。因此，大家最好在搅拌结束后，再加入食盐。

土豆中富含人体所需的多种营养物质，但是其本身也可能带有毒性，也需要各位家长们提高警惕。在挑选土豆时，不要选择有黑点、发芽或是有水泡的土豆，这类土豆不仅不新鲜，还极易带有毒性。如果部分家长在去皮时感到困难，在选购土豆时，则可以尽量选择圆形土豆，这类土豆与扁形土豆相比，去皮更加容易。

营养分析：

土豆中含有核黄素、蛋白质、粗纤维、淀粉、胡萝卜素、多种微量元素以及多种维生素，能够为人体提供多种营养物质。其中，大量的蛋白质，与其他食物相比，更加容易被人体吸收，含量也更多。维生素 A、维生素 B_2 等多种维生素，则能够有效提高孩子的免疫力，增强孩子的抗病能力。另外，土豆中含有大量的膳食纤维，能够有效增强肠胃蠕动，促进消化，改善孩子的消化系统。

鸡蛋中同样含有大量的蛋白质以及多种营养物质，与土豆搭配，能够为孩子提供更多的蛋白质，并促进孩子的吸收。

肉末炒包心菜——防治小儿感冒和便秘

原料：猪肉适量，包心菜 1 棵。

做法：

1. 将包心菜择干净，放入清水中充分清洗，撕成小片；将猪肉剁成末。

2. 在锅中适量食用油，放入猪肉末，充分煸炒，再放入包心菜，煸炒至熟后，加入适量食用盐，即可出锅。

注意事项：

在挑选包心菜时，可以掌握几个小窍门：一看，看其表面是否有发黄、蛀虫等现象，包裹较紧、质地较脆、叶片嫩绿的为新鲜包心菜；二压，用手指轻轻按压包心菜，看其是否会出现下陷现象，如有内陷，则质量较好；三测，测一下菜根部位，是否发干，假如发干，则是放置过久的不新鲜包心菜。

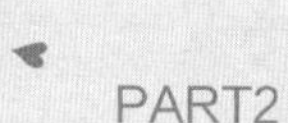

在处理包心菜时，可以先将其放入盐水中，充分浸泡 5 分钟左右。这样就可以有效去除包心菜表面的残留农药。

在煸炒包心菜时，要注意一下时间，不宜炒太长时间，以免破坏其本身的营养。

营养分析：

包心菜性平，对脾胃具有良好的调节作用，能有效改善脾胃虚弱症状。

包心菜含有多种维生素，能够有效满足人体需要。大量的维生素 C、维生素 E，能够有效增强身体免疫力，提高孩子的抗病能力，预防小儿感冒。大量的叶酸，能够有效预防以及缓解贫血症状，促进造血功能，十分适合处于生长期的孩子食用。含有大量的膳食纤维，能够有效增强肠胃蠕动，促进消化，改善便秘症状。

马蹄狮子头——补铁、补血

原料：马蹄、猪肉、鸡蛋各适量。

做法：

1. 将马蹄处理干净，清洗干净，切成丁状；将猪肉切成肉末，放入碗中；加入马蹄丁、鸡蛋、生粉、食盐等调味，充分搅拌，做成肉丸。

2. 在锅中加入适量食用油，放入肉丸，炸至金黄色后，放入适量高汤，转至小火。15 分钟后，放入生粉，进行勾芡，即可出锅。

注意事项：

在挑选马蹄时，要注意“一看、二闻、三摸”，质量上乘的马蹄，符合以下特点：外皮较薄、呈现紫红或淡红色，假如过于鲜亮，则很有可能是浸泡之后的效果，不宜购买；闻起来有股淡淡的清香味道；摸到马蹄角时，不会沾上黄色的液汁。

由于马蹄外表有较多寄生虫与细菌，因此在处理时，要特别注意，

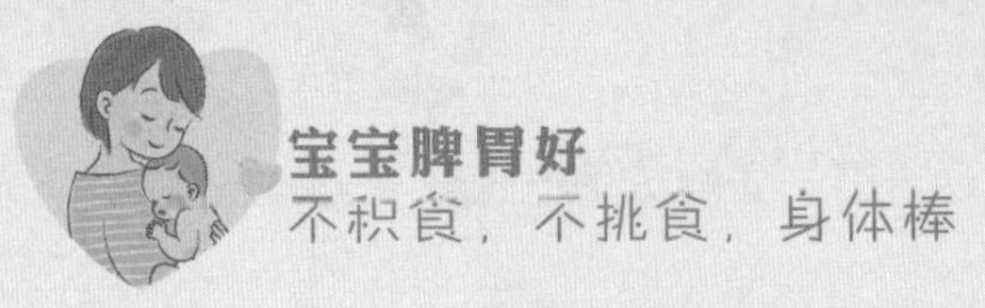

一定要将其清洗干净，并且保证煮熟，以免出现腹泻等不适现象。

马蹄性寒，假如您家的孩子脾胃较弱、消化能力较差、体质较寒，则不宜过多食用。

营养分析：

马蹄中含有蛋白质、碳水化合物、维生素C、胡萝卜素以及铁、磷、钙等多种营养物质。大量的磷元素，能够有效促进儿童生长发育，维护骨骼、牙齿的稳固及健康，对蛋白质、脂肪、糖起到很好的平衡作用，尤其适合孩子食用。大量的铁元素，能够有效促进造血功能，有效缓解小儿因缺铁出现的贫血现象，起到良好的益气补血作用。

这道马蹄狮子头的口感极佳，十分受孩子的喜欢，既能够增强孩子的食欲，又能补充多种营养。

椿芽炒蛋——防治小儿蛔虫病

原料：香椿芽适量，鸡蛋5个。

做法：

1. 将鸡蛋打入碗中，充分打散，然后加入适量耗油、食盐。

2. 将椿芽择干净、充分清洗后，放入开水中，充分焯熟后捞出，沥干水分，切成碎末状，然后倒入鸡蛋中，充分搅拌。

3. 在锅中加入适量食用油，放入混有椿芽的鸡蛋，不断地翻炒，直至鸡蛋变成金黄色，即可出锅。

注意事项：

椿芽的口感如何，与其是否新鲜十分有关，因此，在挑选椿芽时，一定要注意其新鲜程度。新鲜的椿芽，具有以下特征：叶子挺立、芽较短、根较粗、肉质较厚，当用手指掐芽时，会明显断裂。

另外，很多不良商家，会用臭椿树的枝芽冒充椿芽，两者虽然长相相似，但臭椿芽是不能食用的，辨别两者最好的方法，就是闻一下它的

味道。如果闻起来发臭，那么就是不能吃的臭椿芽。

营养分析：

香椿中含有丰富的蛋白质、B族维生素、胡萝卜素、维生素C以及钙、磷、铁等多种营养元素。充足的铁元素，能够有效起到益气补血功效，缓解因缺铁而出现的贫血症状。大量的维生素C能够有效增强人体免疫力，增强小儿的抗病能力，对小儿蛔虫病具有一定的预防以及缓解疗效。

鸡蛋中含有蛋白质、脂溶性维生素、不饱和脂肪酸以及磷、铁等营养元素。其中，脂溶性维生素，能够有效补充人体所需维生素。大量的钙元素，能够有效增强牙齿以及骨骼的生长发育，增强脑活力。

红烧豆腐——美味的蛋白质来源

原料：豆腐、豆瓣酱各适量。

做法：

1. 将豆腐冲洗干净，切成块状；向锅中加入适量清水，大火煮开后，放入豆腐，焯熟后，捞出沥干备用。

2. 在锅中加入适量食用油，放入豆瓣酱，煸炒出香味，加入适量清水、酱油、食用盐，焖出香味。水开后，将豆腐放入。5分钟后，加入适量生粉，进行勾芡，即可出锅。

注意事项：

豆腐富含大量的营养物质，但是，目前市面上的豆腐质量，却都参差不齐。虽然豆腐的种类很多，但在挑选时，需要记住一点，就是看豆腐的颜色。如果豆腐的颜色过于发白，则不适合购买，此类豆腐很有可能是加入了漂白剂。

另外，豆腐基本分为南方豆腐和北方豆腐，在做这道红烧豆腐时，最好选择北方豆腐，这样做出来的口感更佳。

虽然豆腐营养丰富，还不宜过量食用，否则极易导致消化不良，出现腹泻、腹胀现象。

营养分析：

豆腐性平，能够有效滋养脾胃，极适合脾胃功能较弱的孩子食用。

豆腐中含有卵磷脂、蛋白质、碳水化合物、维生素 B_1 以及钙、钾、磷等多种营养元素。其中，大量的不饱和脂肪酸，能够有效被人体吸收和利用。大量的蛋白质，能够有效满足人体需要，维持骨骼健康生长，促进孩子的生长发育。

番茄牛肉——增强孩子的抵抗力

原料：牛肉 500 克，番茄 2 个，土豆 1 个。

做法：

1. 在锅中加入适量清水，等大火烧开后，将牛肉放入，煮熟后捞出，沥干水分，切成小块。

2. 将番茄清洗干净，切成块状，切成块状；. 将土豆清洗干净，去皮。

3. 在锅中加入适量食用油，放入葱、姜，爆炒至出香味；放入牛肉，继续翻炒，放入番茄、土豆，加入食盐、味精、糖等调味。加入适量清水，盖上锅盖，充分煮至牛肉焖烂，出现香味，即可出锅。

注意事项：

在挑选牛肉时，家长们要留意其质量问题，质量优良的牛肉具备以下特点：肉表面没有红色点点，呈现光泽的红色，脂肪为白色；闻起来没有特殊味道，没有酸味；摸起来弹性十足，表面干燥，不会黏到手上。

很多家长在制作番茄牛肉时，会用番茄酱代替番茄。其实，与番茄酱相比，番茄更加健康、营养。现在超市里的番茄酱，大多都有各种添加剂，长期食用，对身体有一定的危害。因此，家长们可以动起手来，用新鲜的番茄做菜，既营养又健康。

营养分析：

牛肉中含有大量的氨基酸、蛋白质、维生素 B_6、钾等多种营养元素，而且，牛肉中的营养组成，与人体内的比例更加相似，与其他肉类相比，更加容易被吸收。

大量的维生素 B_6，能够有效增强身体免疫力，促进新陈代谢和生长发育。

大量的蛋白质以及钾元素，能够有效地促进生长激素的分泌，增强骨骼生长，有效增强孩子的生长发育。另外，牛肉还具有低脂肪的特点，因此，家长们也不用担心孩子食用过多会出现肥胖现象。牛肉对脾胃具有极佳的滋养效果，能够起到益气补血的良好功效，从而增强身体免疫力。

素什锦——促进孩子的骨骼发育

原料：胡萝卜 1 根，黄瓜 1 根，鸡蛋 2 个，木耳、银耳各适量。

做法：

1. 提前一天将木耳泡发。

2. 在锅中加入适量清水，大火煮开后，放入木耳、银耳，等炒熟后捞出，沥干备用。

3. 将胡萝卜、黄瓜清洗干净，切成丁状。

4. 将鸡蛋打入碗中，充分打散后，加入适量食盐。在锅中加入适量食用油，倒入鸡蛋，充分翻炒后，放入萝卜丁、黄瓜丁，等胡萝卜变软后，放入木耳、银耳，充分翻炒。

注意事项：

在挑选胡萝卜时，尽量选择颜色鲜亮、黄心较小的胡萝卜，此类胡萝卜较为新鲜，质量上乘。在挑选银耳时，则要选择肉质偏厚、摸起来发硬、颜色发白的银耳。

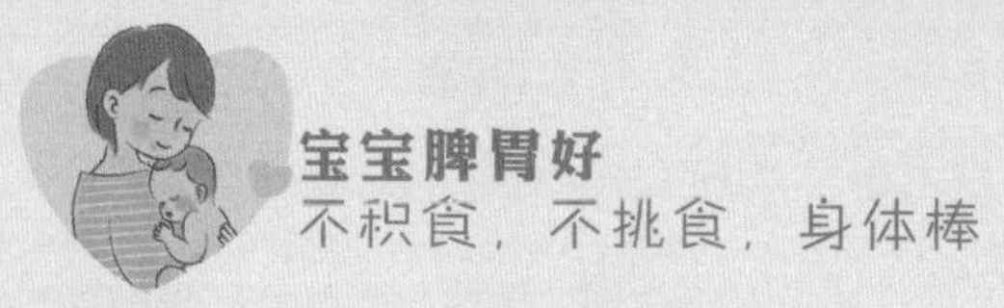

在处理胡萝卜时，如果您家的孩子消化能力较弱，有腹泻等症状，那么可以事先将胡萝卜放入热水中焯熟。此举可以有效保护孩子脆弱的脾胃。

另外，在清洗胡萝卜与黄瓜时，可以将两者放入盐水中充分浸泡，以去除表面的农药。

营养分析：

此道菜品中含有胡萝卜、黄瓜、银耳、木耳、鸡蛋等多种营养物质。银耳中含有大量的维生素 D、蛋白质、氨基酸以及多种微量元素。大量的维生素 D 与蛋白质，能够有效促进孩子的牙齿、骨骼生长发育，促进孩子的健康生长。另外，胡萝卜中含有大量的胡萝卜素，能够有效保护孩子的视力，有效预防与缓解小儿近视。

除此之外，鸡蛋、木耳等食材中，都含有大量的维生素以及蛋白质，能够为孩子提供多种营养元素，促进营养全面摄取，促进骨骼生长，保持健康生长。

第九章　孩子总生病，可以用饮食调养

山药麦芽饮——健脾和胃，治疗小儿腹泻

原料：山药 20 克，麦芽 10 克，白砂糖适量。

做法：

1. 将山药清洗干净，去皮；在锅中加入适量清水，大火煮开后，放入山药煮熟后捞出，放入碗中。

2. 将山药捣成泥状；用开水冲泡麦芽，加入山药泥，再放入适量白糖。

注意事项：

在挑选山药时，尽量选择表皮粗糙、头茎较为光滑的，此类山药口感较软，吃起来比较香甜，符合儿童的口味。山药在去皮时，容易出现粘连现象，家长可以事先用食醋将山药浸泡一下，这样比较容易去皮。

虽然此道饮品营养丰富，但是山药具有收敛效果，因此孩子生病或是感冒时，不适应饮用。同时，不要饮用过多，一星期喝 1 ～ 2 即可，以免孩子出现腹胀现象。

此饮品性温，适合 7 个月以上的宝宝以及儿童饮用。在孩子饮用时，家长一定要保证饮品处于温热状态，以免刺激孩子的肠胃。

营养分析：

麦芽含有氨基酸、蛋白质、维生素 D、维生素 E、催化酶等多种营养元素，能够为人体提供充足营养，能够起到强健脾胃、促进消化的功效，尤其适合于容易积食、消化不良的儿童食用。对因天气寒冷导致的小儿腹泻症状，也有极为有效的治疗作用。

山药中含有多种维生素、多酚氧化酶、皂苷以及淀粉酶等营养物质。其中，淀粉酶、多酚氧化酶能够对胃壁起到保护作用。

麦芽与山药相搭配，能够增强儿童的免疫力，提高抗菌能力，同时，能够改善脾胃功能，对小儿腹泻起到一定的治疗效果。

罗汉果柿饼茶——清热润肺，治疗百日咳

原料：罗汉果 1 个，柿饼 1 个，马蹄 4 个，冰糖适量。

做法：

1. 将罗汉果、柿饼分别清洗干净；罗汉果切碎；马蹄去皮。

2. 在锅中加入适量清水，将罗汉果、马蹄、柿饼依次放入。大火煮开后，调至小火，慢慢熬煮。20 分钟后，按照个人喜好加入适量冰糖，充分搅拌后关火。

注意事项：

罗汉果营养丰富，这与其本身质量有关。家长在挑选时，可以将罗汉果放在手中摇一摇，听一听里面的声音，如果出现很大的晃动声，则为质量较差的罗汉果。

在挑选柿饼时，则要尽量挑选个头较大的，这类柿饼既香甜可口，又营养充分；也可以拿柿饼晃一晃，看手上是否落有白末，未落下白末的，则是质量上乘的柿饼。

此茶禁忌空腹饮用，以免发生阻塞消化道的危险。在孩子喝完此茶后，一定要叮嘱孩子刷牙，茶中糖分较大，果胶极易滞留在牙齿上，时

间长了会导致蛀牙产生。

营养分析：

罗汉果既是一类食物，又是一类中药材，富含蛋白质、胡萝卜素、维生素 A、维生素 C、维生素 E 以及钾、钠、铁、钙、镁等多种营养物质。罗汉果性温，具有止咳平喘、散热解暑的功效，能够有效治疗小儿咳嗽、胃热、百日咳等疾病。

柿饼口感香甜，十分受小孩喜爱，并富含多种营养元素。其中，维生素含量是同类食物的几倍，能够有效提高身体免疫力，同时，柿饼还可以起到清热去火、止咳的功效。

罗汉果、柿饼搭配开胃祛湿的马蹄，能够调节小儿身体内的营养平衡，起到清热润肺的良好效果。

生姜红糖饮——缓解小儿风寒

原料：红糖 40 克，生姜 15 克，大蒜 2 瓣。

做法：

1. 将生姜、大蒜清洗干净；生姜去皮，切丝；大蒜拍成泥状。

2. 在锅中加入适量清水，放入姜丝，大火将水煮开，加入红糖，充分搅拌 3 分钟，放入蒜泥熬煮 5 分钟。

注意事项：

优质红糖质地松散，不会集结成块状，没有任何杂质。家长们在买回红糖后，也要十分注意其存放方法。存放红糖的优质容器是玻璃器皿，它有效防止红糖受潮，保证红糖的质地。

家长在挑选或是处理生姜时，一定要注意生姜是否有腐烂部分，这部分中含有大量的毒素，会对身体产生极大的危害。另外，生姜虽属于温性，但其外皮则属于寒性。因此，在熬煮生姜水时，一定要将生姜皮去掉，这样才能将生姜的功效发挥出来，达到快速驱寒的效果。

大蒜在这道饮品中，起到暖身、发汗的功效，尤其适用于小儿感冒咳嗽。如果孩子不咳嗽，则也可以不放大蒜。

营养分析：

生姜微辣，性温，含有维生素、姜辣素、矿物质以及纤维等多种营养元素。其独有的辛热能够有效滋养脾胃，起到驱寒发汗的功效，同时，能够促进胃液分泌，有效加强胃肠蠕动，促进消化。

红糖中含有维生素 B_1、蛋白质、碳水化合物以及钙、铁、钠、镁、锌等，能够有效为人体提供多种营养。同时，由于它未经过严格加工，保留了蔗糖中的原始营养，因此比一般糖类更具有营养价值。红糖性温，能够滋养脾胃，起到良好的暖身效果。

红糖与生姜搭配，能够有效地驱寒发汗、暖养脾胃，对风寒起到良好的预防与治疗效果。

百部生姜汁——止咳化痰，缓解肺炎症状

原料：百部 15 克，生姜 10 克，蜂蜜适量。

做法：

1. 将百部、生姜清洗干净；生姜去皮，切丝。

2. 在锅中加入适量清水，放入百部、姜丝，大火煮开后，调至小火，熬炖 5 分钟。倒出汤汁，加入适量蜂蜜，充分搅拌即可。

注意事项：

家长在挑选生姜时，一定要仔细查看是否有腐烂部分。这部分中含有大量毒素，会对身体产生极大的危害。除此之外，生姜虽属于温性，但其外皮则属于寒性，在熬煮生姜水时，一定要将生姜皮去掉，这样才能将生姜的功效发挥出来，达到快速驱寒、暖身的效果。

在挑选百部时，则要尽量选择根条较粗、质地坚硬的。另外，在储存时，也要尽量使其处于密封条件中，并放在通风的地方。

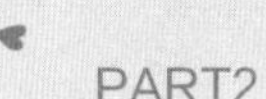

孩子不宜过多饮用此汁，同时，也尽量不要与甜食一起饮用，以免破坏汤汁效果。脾胃发热的孩子不宜饮用此汁。

营养分析：

生姜性温，入脾、胃、肺，微辣，含有矿物质、姜辣素、维生素、纤维以及钙、镁、铁等多种营养元素。大量的矿物质元素，能够有效增强身体免疫力，为人体提供多种营养；胡萝卜素能够有效加强身体的新陈代谢。独有的姜辣素，能够有效刺激胃液分泌，促进消化。大量的纤维能够加强胃肠蠕动，有效滋养脾胃。同时，生姜还能够起到驱寒发汗、清热解毒的功效。

百部是一味极其重要的中药材，有清肺、润肺、止咳化痰的效果，对小儿肺炎有十分显著的治疗效果。

此汤汁将生姜与百部搭配起来，既能够帮助小儿增强身体免疫力，又能够缓解小儿咳嗽，缓解与治疗肺炎等常见肺部疾病。

荆芥粥——治疗初期小儿腮腺炎

原料：荆芥 10 克，粳米 120 克，薄荷 4 克，淡豆豉 10 克。

做法：

1. 将荆芥、薄荷、淡豆豉清洗干净；将粳米淘洗干净，在清水中浸泡 30 分钟。

2. 在锅中加入适量清水，将荆芥、薄荷、淡豆豉依次放入，大火煮开。8 分钟后，用滤网将汤汁滤至碗中。

3. 另起一锅，加入清水，放入粳米，大火煮开后，将熬好的汤汁倒入，充分搅拌，调至小火，慢熬，直至米粥变成黏稠状。

注意事项：

购买荆芥、薄荷、淡豆豉这三种食材时，最好去大药店挑选，这样能够保证其质量与治疗效果。

荆芥和薄荷，具有治愈功效的组成部分为挥发油，因此在熬煮过程中，要把握好时间。假如熬煮时间过长，则会令其丧失功效。

在食用此粥时，不宜与海鲜同时食用，以免引发中毒反应；如果孩子是因为体内火气旺盛，而导致呕吐或是头痛，则不适宜食用此粥；给孩子食用时，要保证粥处于温热状态，不要喝凉的粥，以免引起腹泻症状。

营养分析：

荆芥、薄荷、淡豆豉皆是常用的中药材。其中，荆芥性温，能够有效解热，促进人体发汗，起到凉血、祛瘀的功效，对因感冒引起的呕吐、发热等症状有一定的缓解与治疗效果。薄荷性凉，含有纤维、蛋白质等多种营养元素，能够有效发汗散热，对因感冒引起的发烧、头痛等症状有很好的缓解与治疗作用。其独有的薄荷醇能够有效增强食欲。淡豆豉性寒，能够有效祛瘀解毒。

这三者搭配，能够有效地帮助人体清除毒素，再加上可以益气的粳米，则可以将全部功效发挥出来。荆芥粥尤其适合小儿腮腺炎初期食用，可以缓解症状，达到治愈效果。

鲜笋鲫鱼汤——透发疹毒，适用于小儿麻疹初发期

原料：鲜笋半根，鲫鱼 1 条。

做法：

1. 将鲜笋切根、去皮，充分洗干净，切片；将鲫鱼处理干净，去除鱼鳞、内脏，充分清洗。

2. 将生姜、葱清洗干净，生姜切片、葱切段。

3. 将笋片放入开水中焯一下。

4. 在锅中加入适量清水，放入生姜片、葱段、鲫鱼。大火烧开后，调至小火，慢慢熬煮，直至鱼汤浓郁，加入少量食用盐。

注意事项：

在挑选鲜笋时，要尽量选择笋壳嫩黄、笋肉发白、笋节紧密、笋尾偏小的，此类鲜笋不光质地新鲜，吃起来也更为可口。挑选鲫鱼时，则要尽量选择眼睛外凸、外表较白、身体较扁、体型中等的，这类鲫鱼肉质较为鲜嫩。

虽然鲜笋营养丰富，但是不可过量食用，尤其是脾胃功能较差的孩子，更不宜过多食用，否则不但没有治愈效果，反而会加重病情。

在熬煮笋片时，一定要先将其放入热水中焯一下，目的是将其带有的草酸去掉。

营养分析：

鲜笋中含有大量的胡萝卜素、蛋白质、维生素C、氨基酸以及铁、钙、磷等多种营养物质。鲜笋性温，能够起到祛痰散热、强健脾胃的功效。大量的纤维，能够有效加强胃肠蠕动，促进消化，缓解小儿积食现象。同时，大量的维生素以及微量元素，能够有效增强身体免疫力。

鲫鱼含有大量的维生素A、烟酸、蛋白质以及钙、磷、铁等多种营养元素。鲫鱼肉性平，能够有效滋养脾胃，除去体内湿气。

鲜笋和鲫鱼搭配，能够有效起到清热、益气功效，将疹毒透发出来，达到治愈小儿初期麻疹的功效。

桑蜜茶——缓解小儿暑热

原料：桑叶、蜂蜜各适量。

做法：

1. 将桑叶清洗干净，在锅中加入适量清水，放入桑叶。

2. 大火煮开后，用滤网将桑叶汁过滤至碗中，加入适量蜂蜜，充分搅拌，即可。

注意事项：

桑叶有新鲜与晾干两种。如果是自己采摘的桑叶，则要令其彻底洗净、通风后再食用。晾干桑叶又分自然风干与高温风干两种。挑选晾干桑叶时，要尽量挑选自然风干的桑叶，这类桑叶的营养成分保留得较为完整。

市面上的真假蜂蜜参差不齐，成为我们健康的隐患。因此，在挑选蜂蜜时，要掌握好方法，准确辨别真假蜂蜜。质量较好的真蜂蜜，应清透亮泽、摇动时不会有很大晃动。由于蜂蜜在制作过程中，极易被肉毒杆菌破坏，1 岁以下的宝宝消化能力尚未成熟，很容易发生肉毒杆菌中毒现象。

此茶不宜过量饮用，桑叶中富含脂肪酸，过量饮用容易对胃肠黏膜造成刺激，导致小儿消化不良、腹泻等症状。

营养分析：

桑叶富含胡萝卜素、有机酸、氨基酸以及维生素等多种营养物质，能够增强人体免疫力，提高小儿抗病能力。桑叶性寒，具有良好的通风散热功效，能够有效驱走酷热、镇静心气，并能有效清润双肺、缓解眼部疲劳，对感冒引起的发烧、头痛有良好的缓解与治愈作用。

蜂蜜富含维生素 A、B 族维生素、维生素 C、维生素 D、蛋白质以及磷、钙、镁等多种营养物质，能够有效地加强新陈代谢、消除疲劳、恢复体力，对小儿因酷热导致的浑身无力症状，有很好的缓解效果。

此道桑蜜茶，由性寒的桑叶与性温的蜂蜜调和而成，既能起到解暑散热的功效，又能有效调节身体免疫力，十分适合处在生长期的小儿食用。

紫苏粥——温中和胃，缓解小儿呕吐

原料：紫苏叶 20 克，粳米 120 克。

做法：

1. 将紫苏叶清洗干净。

2. 将粳米淘洗干净，在清水在浸泡 30 分钟。

3. 在锅中加入适量清水，将紫苏叶放入，大火煮开。2 分钟后，用滤网将汤汁滤至碗中。

4. 另起一锅，加入适量清水，大火煮开后，放入粳米，再次煮开后，调至小火，慢慢地熬至粳米黏稠后，倒入紫苏汁，再加入少量红糖充分搅拌。

注意事项：

在挑选粳米时，要尽量挑选外表光洁、颜色乳白、胚芽淡黄、味道清香的粳米，此类粳米较为新鲜，质量也属于上乘。粳米质地较硬，在给孩子熬制米汤时，要尽量多熬一段时间。尤其是给 3 岁以下的宝宝食用时，更要将时间延长，尽量将粳米煮得烂熟。

由于 5 个月以内的宝宝仍旧以母乳为主，消化系统较弱，因此不建议食用此类含有蛋白质的米汤，以免导致过敏现象。

营养分析：

粳米能够调节血液循环，提高小儿免疫力。粳米中富含蛋白质，能够有效促进孩子生长发育；同时富含粗纤维分子，能够有效地加速胃部蠕动，增强孩子的消化功能，尤其适合经常消化不良的孩子食用。

熬煮过后，米汤中富含维生素 B_1、维生素 B_2 以及多种营养物质，性平，可以有效滋养脾胃。

紫苏叶味道辛辣，能够有效调理脾、胃、肺，对因风寒导致的感冒、气喘、咳嗽等症状，有一定的缓解与治疗效果。独有的辛辣气味，可以迅速祛除寒冷、有效发汗。

紫苏叶与粳米搭配，能够起到祛寒暖胃的功效，有效缓解小儿因胃寒造成的呕吐症状。

砂仁茯苓粥——健脾安神，适用于小儿夜啼

原料：砂仁 1 个，茯苓 6 克，粳米 120 克。

做法：

1. 将砂仁、茯苓充分研磨，直至变成细粉。

2. 将粳米充分淘洗，放在清水中浸泡 30 分钟。在锅中加入适量清水，大火煮开后，加入粳米。

3. 大火煮开后，调至小火，慢慢熬煮，当粳米 6 分熟时，加入碾磨好的砂仁粉、茯苓粉，继续熬煮，直至粳米变黏稠。

注意事项：

茯苓作为一种常见的中药材，能够为人体提供多种营养，达到缓解病症的效果。但是，市面上真假茯苓质量参差不齐，大家在选购时，一定得多加注意，选择断面细腻、无霉斑、味道发淡的茯苓。

在挑选粳米时，要尽量挑选外表光洁、颜色乳白、胚芽淡黄、味道清香的粳米。

砂仁的内核极为苦涩，在研磨砂仁时，一定要事先将核去掉。

孩子在感冒发烧期间，不宜食用此粥。如果孩子体内火气旺盛，则也不宜食用此粥

营养分析：

砂仁，性温，是一味常用中药材。富含皂苷以及挥发油，能够有效刺激胃液分泌，促进消化，有效改善小儿积食现象。同时，砂仁也对脾胃起到一定滋养作用。

茯苓中含有蛋白质、膳食纤维、脂肪、维生素 B_2 以及钙、铁、钠、磷等营养元素，性平，能够强健脾胃。茯苓可以利水消肿，富含大量营养物质，能够有效增强小儿免疫力。

粳米能够调节血液循环，提高小儿免疫力。粳米中富含蛋白质，能够有效促进孩子生长发育；并富含粗纤维分子，能够有效加速胃部蠕动，

增强孩子的消化功能。

砂仁、茯苓、粳米搭配，能够有效帮助孩子强健脾胃，起到安神的效果，有效缓解小儿夜啼症状。

鸡内金粥——消食健脾，缓解小儿腹胀

原料：鸡内金 30 克，粳米 120 克。

做法：

1. 将粳米淘洗干净，在清水中浸泡 30 分钟。

2. 将鸡内金择干净，研磨至粉末状。

3. 在锅中加入适量清水，放入粳米，大火煮开后，放入鸡内金粉末，充分搅拌。再次煮开后，调至小火，直至粳米熬煮黏稠。

注意事项：

鸡内金营养丰富，是一味珍贵的中药材，市面上的假鸡内金，不仅没有治疗功效，还会危险人体健康。因此，大家在挑选鸡内金时，一定要多加注意。真品鸡内金，表面富有光泽、摸起来弹性十足，并有大量的折痕，外表颜色黄度不一。如果挑选鸡内金时，发现其颜色统一，则为假品。

挑选粳米时，尽量挑选外表光洁、呈现乳白色、胚芽呈现淡黄色或乳白色、闻起来比较清香的粳米，具备这些特点的粳米，质量与新鲜度都属于上乘。另外，在熬煮时，一定要保证将粳米煮熟，如果是给 3 岁以下的宝宝食用，则要保证将粳米彻底煮烂，以便造成腹泻现象。

由于 5 个月以下的宝宝消化系统尚未成熟，因此不建议食用此类含有蛋白质的米汤，以免导致过敏现象。

营养分析：

鸡内金，是一味常见中药材，性平，入肺、胃、脾，对脾胃具有良好的滋养保护功能，可以促进消化、强健脾胃、缓解积食现象。

粳米能够调节血液循环，提高小儿免疫力。粳米中富含蛋白质，能够有效促进孩子生长发育；并富含粗纤维分子，能够有效加速胃部蠕动，增强孩子的消化功能。

鸡内金与粳米搭配，可以益气固本，有效增强孩子的消化能力，改善小儿积食症状。

红枣桂圆粥——健脾安神，缓解小儿多动症

原料：红枣、桂圆、粳米各适量。

做法：

1. 将粳米淘洗干净，在清水中浸泡 30 分钟。

2. 将桂圆肉、红枣清洗干净，红枣去除枣核。

3. 在锅中加入适量清水，放入粳米，大火煮开。煮沸 15 分钟后，放入桂圆、红枣，调至小火慢慢熬煮，直至米粥黏稠，依照个人喜好加入适量冰糖，充分搅拌。

注意事项：

桂圆有干桂圆与鲜桂圆之分，在熬粥时，建议使用干桂圆，因为其熬制出来的粥口感更佳香甜。在挑选干桂圆时，要尽量挑选外皮完整、光滑且味道清香的；选择重量较沉的桂圆，此类桂圆较为新鲜，质量也属上乘。

在挑选红枣时，尽量选择外皮裂纹较少、个头较大、颜色较深的红枣，这类红枣质量较好，味道也更加香甜。

在给孩子熬煮此粥时，要将粥充分煮熟，尤其是粳米本身质地较硬，短时间熬煮，很容易让孩子消化不良，导致抵消其本身的效果。

营养分析：

红枣中含有维生素 A、维生素 C、脂肪、蛋白质以及多种氨基酸。大量的维生素 C，能够有效增强人体免疫力，促进新陈代谢。维生素 D

能够有效为人体补充钙质，促进小儿骨骼生长。另外，红枣性温，对脾胃有滋养功效，还具有镇静安神的作用。

桂圆对心脏、脾胃都有一定的滋补功效，同时，能够缓解失眠多梦、神经过度紧张等症状，从而起到良好的镇静功效。

粳米能够调节血液循环，提高小儿免疫力；其富含的大量粗纤维分子，能够有效加速胃部蠕动，增强孩子的消化功能。

红枣、桂圆与粳米搭配，可以帮助孩子健脾安神，对小儿多动症也能起到一定的缓解与治疗效果。

韭菜子粥——补肾暖腰，治疗小儿遗尿症

原料：韭菜子 15 克，粳米 60 克。

做法：

1. 将韭菜子清洗干净。

2. 将粳米淘洗干净，在水中浸泡 30 分钟。

3. 在锅中加入少量食用油，油热后，放入韭菜子，充分翻炒，直至炒熟。

4. 在另一锅中加入适量清水，放入炒熟的韭菜子、洗净的粳米，大火煮开后，调至小火，慢熬 40 分钟。

注意事项：

在挑选粳米时，要注意其质量与新鲜度。质量上乘、新鲜的粳米具有以下特点：外表光洁、呈现乳白色；胚芽呈现淡黄色或是乳白色；闻起来比较清香。

在熬煮过程中，一定要将粳米充分熬熟，粳米质地较硬，因此要尽可能多熬煮一段时间。如果是给 3 岁以下的宝宝食用，则要将粳米充分煮烂，以便让孩子更好的消化。

孩子在食用此粥时，一定要确保粥处于温热状态，不要放凉后饮用，

以免孩子出现腹泻等不适现象。

另外，体内火气较旺的孩子，不宜食用此粥。

营养分析：

韭菜子性温，略带辛味，对肝、肾有良好的滋养效果，能够有效补肾、护肝，有效缓解小便次数频繁的症状。同时，对遗精、遗尿都有良好的缓解与治疗效果，尤其适用于小儿遗尿症。

粳米含有多种营养物质。大量的蛋白质，能够有效促进孩子生长发育，增强骨骼生长；大量的粗纤维，能够有效温和脾胃，帮助孩子加强消化。同时，粳米对血液循环、新陈代谢都有一定的调节作用，可以促进孩子的健康发育。

韭菜子与粳米搭配，一个补肾脏，另一个补气血，可以起到良好的补肾暖腰功效，对小儿遗尿症具有良好的治愈效果。

冰糖银耳羹——滋阴降火，治疗小儿口炎

原料：银耳 15 克，冰糖适量。

做法：

1. 将银耳清洗干净，放入清水中充分浸泡，充分泡发后，再去除里面的杂物。

2. 将泡发的银耳放入碗中，并放入适量冰糖。

3. 在锅中加入适量清水，将碗放入，隔水熬炖。3 个小时后，即可关火食用。

注意事项：

银耳属于滋补佳品，能够为人体提供多种营养，然而，如今市面上却存在很多假冒银耳，严重影响着我们的健康。如何挑选质量上乘的银耳，值得很多家长注意。家长们在挑选银耳时，要尽量选择肉质偏厚、没有黑点、弹性十足的银耳，且闻起来没有任何味道，颜色呈现金黄色，

尝起来没有异味。很多经过硫黄熏制或是漂泊的银耳，会有一股严重的刺激味道。

营养分析：

银耳含有大量的维生素D以及酸性多糖物质，能够有效增强免疫力，增强孩子的抗病能力，预防小儿流行性感冒。大量的维生素D，还可以促进骨骼生长发育，适于生长期的孩子食用。另外，银耳中特有的天然植物性胶质，能够起到良好的滋阴效果，能够有效滋润皮肤，让皮肤变得滋润、透亮。

银耳与冰糖混合制成的羹品，还能起到清热解暑的功效，对小儿口炎也具有一定的质量效果。

牛蒡子粥——散热解毒，缓解小儿感冒

原料：牛蒡根、胡萝卜、山楂、粳米各适量。

做法：

1. 将牛蒡去皮，清洗干净，切成块状，放入盐水中，充分浸泡。

2. 将胡萝卜清洗干净，切成块状。

3. 在锅中加入适量清水，放入粳米，大火煮开后，放入牛蒡、胡萝卜、山楂等食材，继续熬煮。再次煮开后，调至小火，直至粥变为黏稠。

注意事项：

在挑选牛蒡时，尽量选择没有根须、呈现淡褐色、粗细适中、自然向下弯曲的牛蒡，此类牛蒡的质量较好，也较为新鲜。如果根须过长，则是放置时间过长的牛蒡，口感不佳。

由于牛蒡的水分流失较快，所以，买回来后，要尽快食用。假如有剩余的部分，则需要用保鲜膜裹好，放进冰箱保存。牛蒡营养丰富，但其中的铁质却很容易被氧化，所以，在去皮时，尽量不要将其暴露在空气中，并将切好的牛蒡块放入清水中浸泡。

营养分析：

牛蒡中含有蛋白质、脂肪、糖类、维生素A、维生素C、维生素B_1、膳食纤维以及铁、钙、磷等多种营养元素。其中，大量的膳食纤维，能够有效增强肠胃蠕动，促进消化，改善小儿便秘现象。另外，牛蒡具有清热解毒、消炎消肿的功效，能够有效缓解小儿感冒症状。

粳米中含有多种营养物质，能够有效增强人体免疫力，有效滋养脾胃，因此，这道牛蒡子粥，特别适合脾胃功能较弱的孩子食用。

蔗浆粥——清热润燥，缓解小儿发烧

原料：甘蔗、粳米各适量。

做法：

1. 将甘蔗清洗干净，去除外皮，切成段状放入榨汁机中，加入适量清水，榨成甘蔗汁。

2. 将粳米淘洗干净，放入锅中，加入适量清水，大火煮开后，调至小火，慢慢熬煮，倒入甘蔗汁，直至粥变为黏稠状即可。

注意事项：

甘蔗营养丰富，但是质量较差的甘蔗却极易引起中毒现象，因此在挑选甘蔗时，一定要多加注意，不要购买出现色斑的甘蔗，正常的甘蔗，其肉质应呈现自然的白色。另外，尽量选择较直、水分较多、色泽匀称的甘蔗。

另外，由于这道甘蔗粥是给孩子食用的，孩子都喜欢偏甜的口感，因此，在挑选甘蔗时，可以选择果肉偏黄的甘蔗，这类甘蔗口感较甜，可以避免再次添加白砂糖。

营养分析：

甘蔗富含蛋白质、糖类、脂肪、多种氨基酸以及铁、钙等，能够为人体补充多种营养物质。大量的铁元素，能够有效促进血液循环，改善

小儿因缺铁导致的贫血症状。多种氨基酸，能够有效被人体吸收利用，增强新陈代谢，保持活力。

另外，甘蔗性平，味道偏甜，具有解热去燥、清热解毒的功效，对发烧、咳嗽等小儿感冒症状，具有良好的缓解与治疗作用。

绿豆薏苡仁海带汤——清热解毒，缓解水痘症状

原料：绿豆、薏米、海带各适量。

做法：

1. 提前将绿豆浸泡在水中，直至绿豆泡发；将海带充分清洗干净，切成段状；将薏米淘洗干净。

2. 在锅中加入清水，大火煮开后，放入薏米、绿豆、海带。再次煮开后，调至小火，直至粥熬煮黏稠。

注意事项：

在挑选绿豆时，尽量选择表面完整、呈现鲜绿色、没有腐烂、没有皱纹、没有刺激味道的绿豆，此类绿豆质量较好，也比较新鲜。另外，在挑选时，也可以把手放到绿豆中，感受一下它的潮湿程度。

在熬煮这道粥品时，切忌用铁锅，因为绿豆中的特殊物质，与铁在高温下，会产生单宁铁，严重危害人体健康。另外，在熬煮时，也不宜时间过长，以免破坏绿豆中的营养物质。

绿豆性寒，如果您家孩子体质虚寒、脾胃功能较弱，则不宜过多食用。

营养分析：

绿豆中含有大量的蛋白质、碳水化合物、维生素 B_1、维生素 E、维生素 B_2 以及钙、铁、磷等多种营养元素，能够为人体提供多种营养物质。绿豆具有良好的清热解毒功效，并能有效排除体内的毒素。

海带同样富含多种营养元素，大量的膳食纤维，能够有效促进肠胃蠕动，促进消化，缓解小儿肥胖症状；大量的钙质，能够有效促进孩子

的骨骼发育；海带还能提高人体免疫力，增强孩子的抗病能力。

绿豆、薏米以及海带搭配，能够起到良好的清热解毒功效，对小儿水痘起到良好的缓解效果，促进体内毒素的排出，达到治愈效果。